U0288448

建筑·城规

设计教学
前沿论丛

建筑 设计教学 档案

以议题开启的设计教学实践

胡滨 著

同济大学出版社·上海

TONGJI UNIVERSITY PRESS·SHANGHAI

序言
Preface

我在同济大学建筑系从事本科设计教学的经历大体可分为三个阶段：从最初二年级的独立教案设计和教学（2006—2013年），到一年级的独立教案设计和教学（2012—2017年），再到现在高年级的自选题设计教学（2018年起）[1]。本书是关于第三阶段的，主要涉及四个自选题——三年级上学期（秋季）的"边·界""'屋'中屋"、四年级下学期（春季）的"日常中的仪式性""原型与家"。希望与之前出版的关于一、二年级教学的两本书——《空间与身体——建筑设计基础教程》（2018年）和《从大地开始 到天空之下》（2014年）（图Ⅰ、图Ⅱ）构成一个相对完整的本科教学过程。尽管3个阶段的教学跨越了十七八年，但始终是围绕教案设计的议题展开研究，并在研究中继续深化和发掘新的设计练习和议题，这是研究与教学相辅相成的过程。

本书将《以议题开启设计教学的方法研究》一文作为引子，在概述前辈的影响之后，从"议题与载体""众议与引申""意图与工具"3组概念出发，探讨各个时期教案设计的起因、议题和专题练习的设定，以及三者之间的关联性，并总结基于议题的教学实践方法。

之后，将讨论三年级上学期和四年级下学期各个练习的设定，以及"边界""身体与纪念性：消失与再现、纪念与记忆""领域""框架中的关系 | 关系中的框架""日常""黑盒子、白盒子、声场""当下家的边界机制及其空间特征研究""图像（建筑图）作为再现的工具"等主要议题，并对学生的设计成果进行展示。其目的在于强调教学不仅

图Ⅰ《空间与身体——建筑设计基础教程》封面，2018年

图Ⅱ《从大地开始，到天空之下》封面，2014年

---

1. 独立教案指单独为一个班的教学实施而设计的教案，它不同于并行实施的、用于全年级教学的教案。自选题是同济大学在本科三年级上学期和四年级下学期实施的教学安排，教师可依据教学大纲或自己的研究，自己选定设计课题。例如，本科三年级上学期应依据教学大纲规定，一个题目设定在城市环境中，另一个题目设定在自然环境中；四年级下学期的自选题可依据教师的研究由教师自行安排。

同济大学建筑系在2018年对本科三年级上学期的设计课进行了改革，推行自选题，而四年级下学期的自选题实际上从2000年就开始推行了。本科三年级下学期的课题是关于城市设计的，四年级上学期是关于住区设计的，它们都是由建筑系统一安排并使用同一个教案。

是实施过程，同时也是设计工作和研究性工作。教学是在对教案进行设计、对相关议题进行研究的基础上展开的。同时，也希望通过学生的设计成果来审视学生对议题的解读和设计达到的深度。

若是有"纸上"建筑，本书将以第5章"纸上"设计课的教学计划作为结尾。尽管之前的教学过程已涵盖了本科一年级到四年级，但若是连续地看，中间难免有所重叠。而且我对教学的思考在不同时期会有所差异，所以希望能设计一个相对完整、更连贯的本科设计教学计划作为结尾。本教学计划关注的不是体系建设，而是每个练习的具体设定、练习的有效性，以及相互之间的连续性。对练习的选择不仅包含了自己曾经设计过的教案，并在教学计划中对它们进行了微调和重新设定，而且也选择了其他人设计的练习来填补自己教学中的空白，以构成更合理的设计课结构框架，比如对城市设计方面的补充等，这些都会在具体的章节中进行说明。需要特别说明的是，设计课的教学计划只是个体的研究，用于探讨如何将各年级的设计练习相互衔接以构成一个连贯的系统，它并不是同济大学建筑系的实施方案。

附录中的案例索引和案例名录是本书的重要内容，收录的案例多是我在教学中讲解过的，或是在研究中关注过的，以20世纪初以来的项目为主。尽管更早期的项目其重要性不用赘述，但鉴于历史理论课会给学生带来这方面的积累，而且我希望更直接地面对当下，所以设定了案例的时间范围。案例索引是以一些关键词来组织的，里面的案例大部分来自案例名录，但两者并不完全重叠。

关于案例和关键词的选择有几点需要特别说明：第一，附录部分从一开始就没有对全面性和逻辑性有所企图，只是服务于特定的教学内容。索引中的关键词是从教学中被经常讨论的、与建筑基本内容相关的词中挑选的，它规避了以感知为主的关键词，尽管空间感知非常重要，但它是众多要素共同作用的结果；第二，案例和关键词的选择都是有局限性的，受限于个人倾向和阅读范围；第三，因为一个案例有时会涉及很多层面的讨论，所以案例的多重解读并不能被索引的关键词所局限；第四，词与词之间会有所交叉，譬如廊与路径、结构与建造，这都需要相互对比和参照；第五，对应关键词的案例只选择了一些简洁明了、便于学生理解的，实际在名录中有很多其他案例也多少会涉及这些内容。正是因为有这些局限性，所以缺失是其不可避免的问题。但我仍选择列举这些案例是希望以此作为引子，帮助学生建立自己的案例库和分析方法。

我一开始选择从基础教学做起是主动的，是之前学习和工作的背景所致，也是因为想要在教学上作出属于自己的改变。最初（2006 年）是想强调模型推动设计的作用，强调剖面所呈现的内外和内部空间之间的关系，以及对地形的再认识，尤其是对"穴"空间的再挖掘。之后开始一年级设计教学（2012 年），关注点转向对建筑基本内涵的探讨、对"关系"的强调，从关系的角度重新解读建筑的基本要素，以此来构筑建筑与环境的关系、建筑内部的空间关系，以及建立身份、行为和空间之间的关联。

在 2018 年结束基础教学，转向高年级设计教学也是主动的。在高年级教学中，我试图避免以建筑类型的复杂性和规模来定义高年级的教学内容，而转向去探求对建筑基本问题的解读深度和对建筑意义的探讨，诸如边界与领域、记忆与家。这个阶段的教学在通过剖面探讨空间关系之外，更强调平面所呈现的空间组织方式及其关系的建立，以及图的再现和文字的想象力对设计的推动作用。

之所以写了"纸上"设计课的教学计划，实则是将它当作教学研究工作的一部分。

最后，再次感谢我教学生涯中的引领者：丁沃沃老师、顾大庆老师、苏黎世联邦理工学院（ETH）的赫伯特·克莱默教授（Hebert Kramel）、美国佛罗里达大学（University of Florida）的彼得·冈德森教授（Peter Gunderson）和南希·克拉克教授（Nancy Clark）。

感谢在基础教学期间我合作过的所有老师：周芃老师、徐甘老师、钱锋老师（女）、王凯老师、王红军老师、罗兰老师、金倩老师、温静老师、赵群老师、张婷老师。也要感谢在2024年秋季和我一起教授本科三年级设计课的李彦伯老师。谢谢你们的辛苦付出。

感谢我各个时期的助教：金燕琳、陈军、李旭锟、王轶、赵一泽、付瑜、谢雨晴、杜平、葛正东、尹建伟、葛子彦、陈晨、郭昊伦、王蕾、赵力瑾、王皓宇、张翰学、吴子豪、彭海嫒、詹鸿文。

同时，也多谢在闲时可以跟我聊几句教学的、东南大学的同窗好友朱雷老师，同济大学的王方戟老师、王凯老师、王红军老师、张婷老师、陈镌老师和李彦伯老师。从你们身上学到很多，同时也鞭策了自己。多谢诸葛净和朱雷老师分别对书中的"当下家的边界机制及其空间特征研究""设计课的教学计划"提出的宝贵建议。

还要感谢我的导师钟训正老师、罗伯特·麦卡特教授（Robert McCarter）和比尔·蒂尔森教授（Bill Tilson）的教导和厚爱。

多谢学生们的努力。教学是相互成就的过程。

目录
Contents

序言 3

以议题开启设计教学的方法研究 11

1 议题一 边·界 33
  设计任务 35
  边界 39
  身体与纪念性：消失与再现、纪念与记忆 43
  学生作业 51

2 议题二 "屋"中屋 85
  设计任务 87
  领域 91
  框架中的关系 | 关系中的框架 95
  学生作业 113

议题三 日常中的仪式性　149

　设计任务　151

　日常　155

　黑盒子、白盒子、声场　169

　学生作业　177

3

议题四 原型与家　215

　设计任务　217

　当下家的边界机制及其空间特征研究　221

　图像（建筑图）作为再现的工具　241

　学生作业　259

4

设计课的教学计划　305

5

附录　318

　案例索引　318

　案例名录　322

　参考文献　327

　图片来源　330

　学生名单　333

以议题开启设计教学的方法研究 [1]

Study on Pedagogy of Design-teaching Based on Themes

"我一直认为，一位伟大的老师，他的设问所涉及的相关内容、提供的多样路径会促使（学生）所有的应对都具有价值。"

——何赛普·路易·马特奥

"I have always thought that the great teacher proposes a question whose relevance and approach make all the answers excellent."

—— Josep Lluís Mateo

1. 原文载于《建筑学报》2023（3）：32-40。对原文的修改，一是为了叙述的连续性，将原文中的部分内容，尤其是涉及个人经历的部分，改为了注释；二是对空间关系的关键词进行了举例说明；三是修改了二年级教学的结束时间。实际上，在从本科二年级转向本科一年级时期，中间穿插了在同济大学建筑与城市规划学院实验班二年级下学期春季的教学（2011—2013 年）。在此期间的一年级教学只在秋季进行，一年级下学期的教学是从 2013 年开始的，两者有所交叉，故修改了二年级教案结束的时间。此外，还进行了少许的文字修改。

建筑设计教学是建筑教育的核心内容。21 世纪以来，社会变革、理论研究的转向和设计工具的拓展激发了教育界对建筑学科的再认识，进而围绕着教学体系、教案和教学实施展开了研究。[2][1-17] 教学成为历史研究、理论研究和设计方法研究的载体。研究带动的教学实施，一方面体现在学制的变化、课程与学分的调整和教学的多元参与上；另一方面

2. 教育界对设计教学再次深入的探讨始于 20 世纪 80 年代东南大学开启的基础教学改革。由东南大学与苏黎世联邦理工学院的学术合作开启了此次改革，这场改革至今仍影响了很多学校的基础教学。在世纪交接之际，因为学位制度的改变、对外交流的增多，教育界开始对教学体系展开讨论。丁沃沃老师提出，应从建筑本体的认知出发，重新思考建筑教育（参考文献 [1-2]），进而提出要加强建造训练、思维逻辑和研究的训练（参考文献 [3]）。各校也对各自教学体系的改革进行了分析（参考文献 [4-6]）。

在体系研究之外，教学研究的参照点也呈现出多元化的趋势，针对教案的研究也逐步深入。研究从对课程、学分设置、设计题目和教学计划的简单罗列，趋向探求教案设置的背后动机、理论支撑、与建筑认知和社会背景的关联性。其中，顾大庆老师对布扎体系、ETH-Z 赫伯特·克莱默的教学、包豪斯教学以及他自身的教学展开了一系列研究（参考文献 [7-11]），为梳理中国建筑教育的流变提供了重要的研究成果，为基础教学的实施提供了重要的参照；龚恺老师对东南大学四年级的教案做了仔细规划（参考文献 [12]）。

理论界对建构理论、生态理论、现象学（身体和感知）、工具（计算机、参数化建造）和结构的关注引发了教学的关注。其中，赵辰、韩冬青等提出以建构启动的教学（参考文献 [13]）；石永良等对参数化技术对教学的影响展开了研究（参考文献 [13-16]）。郭屹民博士阶段的研究引发了他对结构介入设计教学的关注（参考文献 [17]）。

体现在教案从"搬运""参照"到"自我参照"上。教师开始思考以自己的研究带动教案设计和教学内容的设定。[18-22]

但是，从教学现状考察教案设计、教学实施及其两者之间的关联性，可以看到它们依旧存在一些问题。问题来自将教案设计简化成只是确定题目，将教学实施简化为单纯依靠学生提出方案再进行反馈的教学过程。在教案设计和教学实施中缺乏研究性和系统性，这成为影响教学质量的主要障碍。

如何将研究介入教学？关于教学的研究性[3]，赫伯特·克莱默教授（Herbert Kramel）认为行业与学问的结合是设计教学的基础，由此他建立了一套具有系统性的教学模式。[9]34 在他的 1999—2000 年基础设计教学研究中，教案是从空间基本单元开始，进而拓展到建造层面的讨论。继而，利用空间单元构成社区并围合公共空间，再从空间的水平发展拓展到垂直方向的发展（图1）。其中，形式与空间的关系是教学中要讨论的核心话题之一。他将形式形成的动因分解为生活、外部环境、建造和材料、表皮的影响，以及通过入口的形式与姿态来回应公共空间和街道的诉求，并将之与不同练习匹配，这使得练习具有连续性和系统性。更为重要的是，克莱默教授将研究和教学作为相辅相成的两项工作，认为教学和教案的设计是个需要不断调整和修正的过程（图2）。

以议题开启的设计教学方法研究是以克莱默教授的研究为基础的，在强化教案设计的研究性和练习之间的连续性之外，本书试图将教学的研究性从教案设计的环节延伸到教学实施环节。本部分内容以本人在同济大学进行的基础设计教学和高年级教学的教案设计和教学实施为对象（图3）[4][23-27]，以议题为切入点，通过 3 组关键词——议题与载体、众议与引申、意图与工具，探讨如何将设计教学作为一种实践活动来整合研究与教学的教学法。

3. 我对于教学系统性的认知源自在东南大学任教期间（1997—1999 年）跟随丁沃沃老师进行的二年级教学。丁老师的教案以场地、结构与材料、功能和空间为线索，强调了练习之间的关联性；随后我参与了东南大学与苏黎世联邦理工学院的交流计划（1999—2000 年），跟随赫伯特·克莱默教授学习基础设计教学（Basic Design），从而建立了教学是研究性工作的认知，以及明确了一年级教案设计需要讨论的核心问题。之后在美国攻读博士学位期间，作为助教跟随佛罗里达大学彼得·冈德森教授进行了二年级教学，2005 年回国后对顾大庆老师的基础教案进行了研究。这些经历都加深了对教学与研究之间关联性的理解，它们会在正文中提及。

4. 我在同济大学的设计教学始于 2005 年，基本从事的都是独立教案的教学。2006—2013 年，在二年级实施"从大地开始，到天空之下"教案的教学；2012—2017 年，教授一年级设计课，实施了"空间与身体"教案；2018 年至今，主要从事三年级上学期和四年级下学期自选题的设计教学。

同济大学本科三年级上学期的教学实行大组教学和独立课题的并行方式。教学组对课题设置提出了基本要求，即应将题目分别设置在城市环境中和自然环境中。三年级的教案是依此设计的；四年级下学期的教学则可以完全由教师自主设定。与一年级教案相关的著作和论文见参考文献 [26-27]，与二年级教案相关的论文和书籍见参考文献 [23-25]。

形式与空间

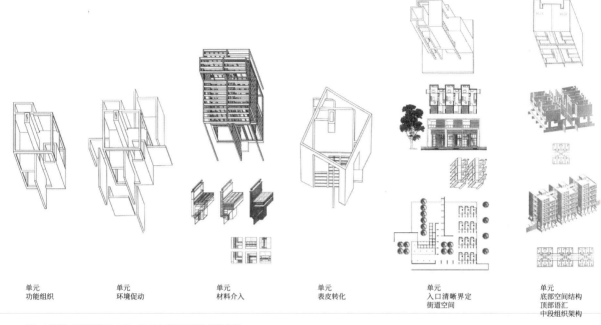

| 单元
功能组织 | 单元
环境促动 | 单元
材料介入 | 单元
表皮转化 | 单元
入口清晰界定
街道空间 | 单元
底部空间结构
顶部语汇
中段组织架构 |

图 1 赫伯特·克莱默教授 1999—2000 年的基础设计教学教案

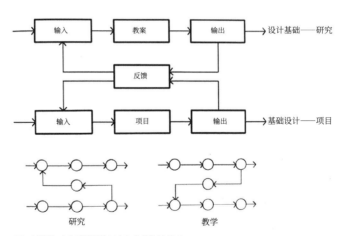

图 2 赫伯特·克莱默教授的研究与教学的关联图

2012－2017

一年级 上学期	一年级 上学期	一年级 下学期
第 1 个练习（8 周）	第 2 个练习（8 周）	1 个练习（16 周）
2012—2016	2012—2016	2013—2017
身体的表演	**网络中居住**	**自然中栖居**
抽象的立方体	外来务工群居	山林度假屋

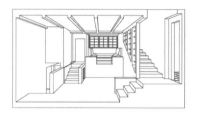  

2006－2013

二年级 上学期	二年级 上学期	二年级 下学期
第 1 个练习（8 周）	第 2 个练习（8 周）	1 个练习（16 周）
2006—2011	2006—2011	2008—2013
层叠	**异构**	**重构**
等候室	威尼斯工作室	渔梁村社区中心

2018－

三年级 上学期	三年级 上学期	四年级 下学期	四年级 下学期
第 1 个练习（8 周）	第 2 个练习（8 周）	第 1 个练习（8 周）	第 2 个练习（8 周）
2018 —	2018 —	2018 —	2020 —
边·界	**"屋"中屋**	**日常中的仪式性**	**原型与家**
社区展览馆设计	村落民宿	乡村文化中心	自定

图 3 在同济大学主持的一年级、二年级、三年级上、四年级下的设计课教案（2006—2024）

1 议题的指向

议题是指在教案设计和教学过程中与学生讨论的主题。何以成为设计教学的议题?

我们首先需要界定设计教学的性质。设计教学是一种实践活动,是研究实践、设计实践和教学实践的整合。研究实践是将研究成果运用到教案设计和教学内容中;设计实践是指教案设计,涉及对题目、核心问题、场地和功能计划的确立,对教学内容、教学节奏及其连续性的设定,以及教学内容与工具之间的关联性设计;教学实践是指面对学生的教学活动,主要包括每节课的教学组织、对学生方案的即时判断、分析、归纳与反馈,以及对教学进度和内容的调整。研究实践和设计实践是转化,将对建筑的认知转化为教学内容;教学实践是落实和实施,将设定的教学内容传递给学生,完成教学设定的目标。

可见在这个实践过程中,议题是跨越和连接研究实践、设计实践和教学实践的核心内容。但何以成为一个"设计课"的议题?理论研究的议题与设计教学的议题能否完全重叠?教学议题是否应该让位于学生设计方案的策略,给学生设计的自由?

建筑是关于人的栖居的,空间塑造是其核心任务。在克莱默教授的教案中,他将对形式的研究、对结构主义和当时住宅的研究[9]转化为认知,以形式的动因为线索组织了一系列练习,形式与空间的关联性成为设计课的议题之一。丁沃沃老师当年在东南大学设计的二年级教案中(1997年)明确地提出了每个练习需要研究的空间问题,诸如单个空间、复合空间,以及大、小空间的组织问题。教案中对每个练习核心空间问题的确认使得教案具有目的性,避免了教学实施中的盲目性。

由此可见,设计课的核心内容是关于空间塑造的,与空间相关的讨论是成为设计教学议题的基本条件。诸如发现问题、分析问题和解决问题不能成为设计课的议题,因为它是普适性的研究和设计操作路径;关注场地,从场地出发也不是议题,因为它是观察方式、设计方法的讨论;计算机、参数化或模型的介入,它们是设计工具或是关于设计思维的讨论,的确有可能成为研究的议题,但不是设计课的议题。以九宫格练习为例,九宫格练习是关于结构与空间、中心与边缘的讨论。九宫格是载体,中心与边缘、结构与空间划分的关系、网格与变异则是设计教学的议题。[26]64

理论研究的议题与设计教学的议题之间的差异在于，它需要落实到空间层面的讨论才能成为设计教学议题。若是理论议题不细化，具体到空间的讨论上，就容易陷入教学"理论标签化"的境地，从而让文字、图表、数据成为设计成果，而不是建筑和空间自身。同时，设计议题不是设计策略，议题的抽象性决定了学生在议题之下有充分的自由展开设计策略的讨论。议题的确定可以使教学内容具有计划性和结构性，可以避免被动地依靠学生方案展开讨论，避免教学内容的随机性和碎片化。

2　议题与载体

议题是关于设计问题的，它以设计题目为载体，由设计题目包含的各要素（场地、功能计划等）所"规范"，与教案设计密切相关。

2.1　从教案的研究性到议题确认的线索

一年级的独立教案——"空间与身体"[26]教案（2012—2017 年）实际上是围绕克莱默教授预设的 2 个基础设计教学问题而展开的。在克莱默教授的教案中，他将"建筑的最基本和核心的内容是什么？""空间塑造最基本的要素是什么？"作为一年级基础设计教学的教案设计必须要回答的问题。他认为"空间与功能、场地与场所、材料与建造"这3 组内容构成了建筑的基本内涵；空间塑造是从"基本单元、片墙和实体、9 种空间基本类型"这 3 组基本要素展开的（图 4）。

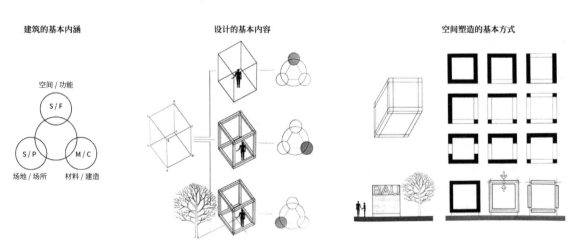

图 4 克莱默教授基础教案的核心内容

练习1 "身体的表演"

第一学年上学期
第1—7 周

在给定体积的空间内，为所选电影中的人物设计空间以辅助建立所选人物之间的关系，并关注人身体的行走、观看、跨越与相遇等动作。同时通过解读"作为界限的门"（Door as Threshold）、"作为框架的窗"（Window as Frame）和"作为舞台的梯"（Stair as Stage），认知建筑基本要素，解读空间和人的行为之间的关联。

练习以电影为媒介，以抽象的立方体启动设计，以空间辅助建立人的关系作为设计训练重点。训练目的是建立对空间的基本要素和建造方式的认知，培养身体感知空间的认知习惯，理解空间与身体、观察与设计、图与设计之间的关联。

练习2 "网络中居住"

第一学年上学期
第8—16 周

在选定的上海外来务工人员群租区域，任选一户用于群租的住宅进行测绘和调研，对居住者的生活和生产场景进行观察和描绘，并重新为租户和出租者设计居住和生产空间，空间需要满足所有原住民的生活需求。在调研基础上，可自定义超过 60 m² 的功能空间。

练习以城市边缘地带或棚户区外来务工人员群租地为基地，依旧以讨论空间规划与人物关系为重点。练习以真实的场地、真实的人物关系和真实的社会网络关系推进设计，目的是建立体验、基地调研与设计之间的关联，了解调研和分析基地的基本方法，建立场地、人物身份、身体与空间之间的关联。

练习3 "自然中栖居"

第一学年下学期
第1—16 周

在南京将军山规定范围内自选场地，为特定人物（在画家、雕塑家、书商、茶商和哲学家中任选其一）设计度假住屋。设计需要依据所选人物的特征，包括其工作和家庭特征展开，其中需要分为三种空间：居住、工作和静修空间，建筑面积不超过 220 m²。

练习以自然环境为基地，与上学期的两个练习侧重点不同，将个体身体对空间的感知作为教案设计的重点，目的是初步建立对自然环境的认知，强化空间、身体（身份与个体）和不同类型活动之间的关联。通过真实材料和建造的介入，建立空间与自然环境、空间氛围与建造，以及建造与设计之间的关联。

图 5 一年级教案（2012—2017）

"空间与身体"教案是将"关系"作为建筑本质内容来理解的，它涉及建筑的内外关系、内部空间关系、空间关系与人的身份、生活行为之间的关联，空间关系与人际关系之间的关联性，并以此确立了教案的理论和研究基础[26]75-83（图 5）。因为"关系"主题的确立，选择了与"关系"相关的术语作为空间类型来进行研究和教学，其中包括 Hierarchy、Detach、In-Between、Continuity、Intersect、Interlock、Suspension、Stacking、Overlap、Carving、Folding、Weaving、Layering、Shifting、Lifting、Swelling、Extruding 等，并将克莱默教授和顾大庆老师在基础教学中提出的 3 种空间构成要素（杆件、片墙和实体）、9 种空间基本类型作为关系塑造的工具。同时，选择了门、窗和楼梯（Door as Threshold, Window as Frame, Stair as Stage）作为关系塑造的核心要素。5[26] 教案中的练习是从在抽象地形中探讨人际关系与空间关系的关联性开始，进而在城市边缘地带以进城务工人员为例探讨群居的生活形态，最后在自然环境中探讨人的身份与生活形态之间的关联性。抽象几何体的选取（下为实体，上为虚）参照了我在 2006 年设计的二年级教案的起始练习，它暗示了两种生活形态（穴居与架构）、两种建造方式和两者空间氛围的差异性和关联性。

5. 冈德森教授曾在佛罗里达大学二年级教案中以"门与窗"的构造为起始展开设计教学。在这里，将建造层面的讨论转变为作为关系讨论的媒介。

17

尽管教案没有选择从空间单元开始，但它依旧和克莱默教授一样，选择了从抽象几何体开始。体积是空间的本质特征，是理解空间塑造的基础。作为基础训练，体积特征是研究的载体，对其的选择是自身建筑认知的体现。尤其是在当下，面对几何形与自由形之间的对抗，起始训练的载体变得尤为敏感。

在这之前的二年级教案"从大地开始，到天空之下"[23]（2006—2013 年）是我从美国博士毕业回国教书后设计的第 1 个教案，它是将自身的博士研究结合在教案设计中。当年的博士研究是关于地形学（topography）的，是以重新界定地形的内涵和意义，以及地形塑造建筑地域性的方法作为研究的主要内容。因而教案选用了抽象体积中的等候室、威尼斯和徽州渔梁村作为练习"基地"，将从抽象地形到不同地域文脉中的地形与空间之间关联性作为组织教案的线索。之前曾作为助教跟随冈德森教授进行基础设计教学，这些练习深受冈德森教授的影响，尤其是威尼斯的设计训练。[6] 但本次的教案设计和教学实施是以穴居和架构这两种空间原型与大地和天空的关系作为教学的起始和议题，以两者的空间体验、建造方式和想象的差异性作为研究重点来组织教学的。进而在教案设计和教学实施中，通过身份、地域特征和空间结构在地形中的"表现"来拓展地形与空间的关系讨论。正如前文所说，这个观念影响了我后来在设计一年级教案时的起始训练。

三年级上学期的第 1 个练习选择了毗邻上海抗日战争战场遗址四行仓库的地块作为场地，这是因为曾经做过关于"纪念与记忆"的研究[29]。三年级上学期第 2 个练习和四年级下学期第 1 个练习是以之前的徽州和藏式民居研究[30]为基础，将当下乡村建设作为确认议题的出发点。选择乡村的另外一个原因也是与同济的教学计划中以村落为场地的题目较少有关。而四年级下学期的第 2 个练习则将研究性部分交给学生，由学生自己决定他们的设计题目。

2.2 空间议题与研究议题并行

从图 6 可以看出，在一年级教案中，上学期第 1 个练习是"身体的表演"，电影是观察的工具，学生从电影中观察人物关系，设计相关空间，其中由楼梯、门和窗所引发的行为、感知和空间关系是议题；第 2 个练习"网络中居住"是在城市边缘地带为外来务工人员重新设计住屋，此时群居的生活形态与空间形制成为议题；一年级下学期 16 周的练习"自然中栖居"是在自然环境中讨论人的身份、居住与工作的关系，因而功能计划与空间形制是议题 1，建筑与自然的互映是议题 2。可见，在这一系列议题中，是以"关系"为核心内容，以身份、行为和空间形制的

6. 冈德森教授对威尼斯进行了多年研究，在佛罗里达大学以威尼斯为基地做过多年的二年级设计题目。教授提供的威尼斯阅读材料成为教学中重要的文献，以及理解不可到达场地的基础。

专题研究	议 题	设计题目		
墙的构筑 / 穴、屋的构筑	楼梯、门、窗 / 基本空间关系	身体的表演：抽象的立方体	一年级 上学期	第 1 个练习（2012—2016 年）
极小空间的感知放大	群居生活形态 / 空间形制	网络中居住：外来务工群居		第 2 个练习（2012—2016 年）
树、风、水与屋、院、塔、穴 / 光的回响	功能计划与空间形制 / 自然与空间互映	自然中栖居：山林度假屋	一年级 下学期	16 周练习（2013—2017 年）
层叠 / 空间的二次限定	穴与屋 / 基准与变异	层叠：等候室	二年级 上学期	第 1 个练习（2006—2011 年）
场地与体验	身份、工作与空间 / 异地	异构：威尼斯工作室		第 2 个练习（2006—2011 年）
中介 / 院子	空间结构 / 村民日常	重构：渔梁村社区中心	二年级 下学期	16 周练习（2008—2013 年）
展品与空间 / 日常的纪念性	边界 / 日常的纪念性	边界：社区展览馆设计	三年级 上学期	第 1 个练习（2019 年—至今）
家的角落、角落的家	领域 / 临时的家	"屋"中屋：村落民宿设计		第 2 个练习（2019 年—至今）
白盒子、黑盒子、声场	表演与空间形制 / 日常与异质	日常中的仪式性：乡村文化中心设计	四年级 下学期	第 1 个练习（2018 年—至今）
空间原型 / 空间关系原型	家 / 空间原型	原型与家：自定		第 2 个练习（2020 年—至今）

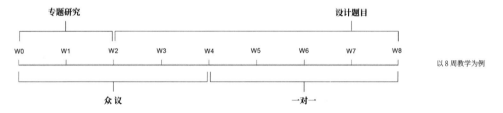

图 6 一年级、二年级、三年级上和四年级下设计课教案的专题研究、议题与设计题目

关联性、建筑内外关系作为确立议题连续性的线索。

在三年级上学期第 1 个课题"社区展览馆＋"和第 2 个课题"村落民宿设计"中，"边界、日常的纪念性"和"领域、临时的家"分别是其议题。在四年级下学期第 1 个课题"文化中心"中，"表演与空间形制"和"日常与异质"成为议题；第 2 个课题则以议题"原型与家"为题目，学生自行选择场地和指定功能计划，换句话说，是学生设计载体。在家和空间原型的议题下，教学将强调文字激发的想象力对设计的推动力，以及通过再现图来呈现设计意图（图 7）。对文字推进设计的认知来自冈德森教授以威尼斯为基地的教学。他以描写威尼斯的文学作品作为设计引导以便学生展开对不可到达场地的想象。

高年级设计教学的议题相对而言可以与自身的研究更为紧密。因为工作之后的研究偏向民居研究，是将民居和园林作为设计的原点，因而"家""日常与纪念性""记忆"成为研究的主要内容，据此也就确定了设计教学的研究问题和议题。

总的来说，可以看出在这些教案设计中，议题始终是在建筑的基本认知和教师自身的研究内容之间并行地进行选择和搭配，是在建筑的基本要素（构成要素、关系要素、空间原型）、基本问题（边界、领域、关系、行为）与意义（家、记忆、生活）之间进行选择。

2.3 议题与载体的关联

设计题目作为载体，它包括场地和功能计划的设定，对建筑类型的选择。在议题与载体的关系上，是议题先行，还是载体先行，需要根据整体教学安排视具体情况而定。原则上，载体的选择是由与议题的密切程度决定的。

以同济三年级上学期教学的场地选择为例。三年级上学期的教学分为大组教学和独立课题两个类型。城市环境的课题，大组的教案将基地选在了上海里弄附近，这是基于"里弄是解读上海历史的基础"而设定的。但实际上，在同济一、二年级大组的教学中都涉及了这类场地。因此，在 2019 年可以自行设定场地和题目的情况下，选择了上海抗日战争战场遗址四行仓库旁的场地作为设计基地来讨论城市生活中的日常纪念性。因为上海的历史不仅是由里弄构成的，还是由事件和生活构成的。选择日常的纪念性这个议题也是因为笔者发表过相关的论文研究。在这个过程中，是从场地开始思考，在城市中心区、历史风貌区、城市边缘地带、临近城市基础设施的地块中确定了几块备选地，最终基于研究选

图的再现：
文字、设计意图与环境、平面特征的叠合

平面图与剖面图

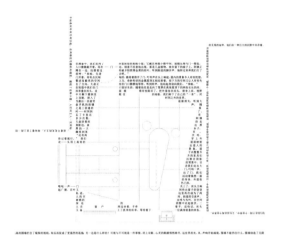

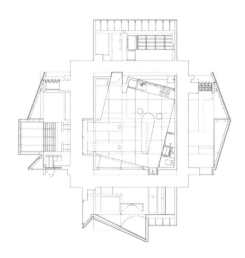

生活形态的刻画：
重组各个边缘空间平面图与剖面图以形成日常生活形态的连续展开

模型：
设计策略的再现模型
与刻画生活形态的空间基本特征的剖切模型

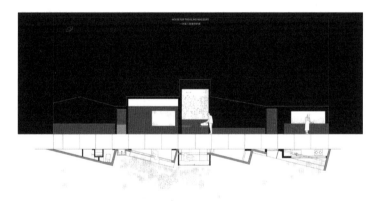

图 7 四年级下 学生设计成果（8 周，学生：王皓宇，2021）（学生设计成果的时间标注均为作业完成时间）

择了四行仓库这块场地。在三年级第 2 个课题的场地选择中，先决定了议题，以民宿讨论"临时的家"。进而，因为山地自然环境在自己设计的一年级教案中也涉及了，因此选择了"村落＋山地"作为三年级的场地条件，将重构村落空间结构与解读山地和建筑的关系两者相叠加以增加设计难度。两个课题的基地都是先通过地图软件进行了前期搜索和圈定，经过实地考察之后，最后确定了场地。在民宿课题中，最终选择了南京黄龙砚村 3 个特殊空间节点（毗邻村落公共服务空间、村落结构之中、村落与自然环境交接的边缘）作为场地。在这个过程中，研究议题"临时的家"先行，同时载体反向作用，通过场地特征确立了设计教学的另外一个议题"公共、私密与自然领域的连续与分离"。

无论是议题先行，还是载体先行，教案设计都可以成立。其中，基地选择作为独立要件也需要从教学体系的角度去思考，目的是完善体系中场地的类型，避免重复性，为教学提供多样的样本进行研究，同时保留学生的新鲜感。对于功能计划的选择也是如此。因而，议题与载体是在对教学体系的整体关照下，以研究带动的选择，以两者关联性作为设计实践的重要内容。

3 众议与引申

议题的确立实际上也带动了专题练习的设立和教学组织的改变。

传统的设计教学是一对一师傅带徒弟的方式。自 21 世纪初，高校的扩招使得每个教师带的学生人数都在不断增加，教师已无法在规定的课时里完成一对一的讲解，尤其是在基础设计教学阶段。因而，教师要么缩短和每个学生讨论的时间，要么就采用集中教学的方式。尽管最近外部环境导致建筑系开始减少招生，但教学的基本状况没有发生改变。

集中教学有两种方式，集中评图和众议式集体讨论。集中评图，即全组集中在一起听老师点评每个学生的方案。尽管预期是希望学生在旁听时可以学到更多的知识，同时避免重复性的教学内容，但学生很多时候只关注自己的方案，实际效果与一对一教学方式没有很大差别。众议式集体讨论是让学生参与讨论，而不是旁听式的"集中"上课。其目的是培养学生观察和学习其他人的能力，建立自我评价标准和培养自我推进设计的能力。

众议式集体讨论以什么内容作为开始？实际上，议题的确立为其提供了线索。

3.1 以抽象专题练习开启众议，再全面介入设计题目的教学步骤

众议式集体讨论是直接进入设计题目，还是从讨论议题开始？实际教学中选择了后者。其原因在于议题是关于建筑基本的且具有普遍性的问题。对议题进行单独训练，可以更深入地对其展开讨论。这就需要针对议题设定专题练习。专题练习在一定程度上抛开了设计题目具体的场地和功能计划，具有抽象性。同时，专题练习的设定成为研究性从教案设计延伸到教学实施环节的媒介。

在各个年级的专题训练中，一年级上学期第1个练习的专题训练是最难设定的，因为学生刚入学，对空间和空间操作都没有积累。该时期的专题训练选择以墙的构筑展开专题练习。从图8中学生专题训练的成果可以看出顾大庆老师基础教案的影响。顾大庆老师的"建筑设计入门""空间、建构与设计"秉持了克莱默教授以研究作为教学基础的理念。其建筑入门的教案以坐具、单元、场所、中心和亭子作为系列练习，同时将杆件、板片和实体作为空间塑造的基本要素，将人体（行为和感知）作为主线贯彻在教案设计和教学实施之中。在一年级训练中，先提出了空间关系的词语，让学生以"杆件、片墙和体积"来完成对空间关系词语的刻画。

专题

设计

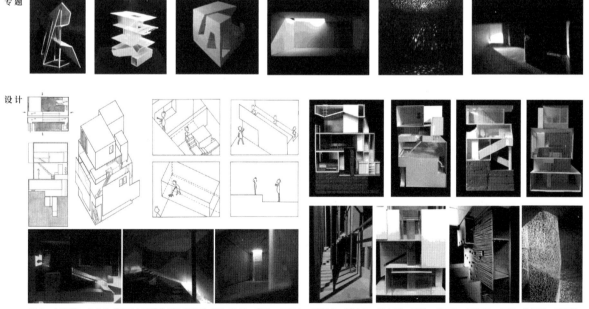

图8 一年级第一个作业"身体与表演"学生的设计成果（8周，学生：王旭东、葛子彦、郑少凡、陈有菲、姚瑶、茅子然、葛梦婷、唐婧、林旭颖、马晓然、闫爽、王嘉欣、张季，2012—2017）

从议题与专题练习之间的关联性来考察，以一年级下学期自然环境中的栖居为例，议题是"自然与空间的回响"，所以专题练习选择了"树、风、水与屋、院、穴、塔"。在三年级的村落民宿设计中，依据议题"临时的家"设定了专题的设计训练——"角落的家、家的角落"，它是依据加斯东·巴什拉 (Gaston Bachelard)《空间的诗学》(*La poétique de la l'espace*) 关于家的讨论而设定的。[7][31] 在三年级"社区展览馆 +"设计中，选择"展品与空间"之间的关联性作为专题的设计练习，以回应题目所涉及的主要问题。而议题"日常的纪念性"选择以"文本阅读"为专题训练的方式。可见，专题训练的主题是由议题或设计题目决定的。抽象的专题训练又分为设计训练、文本阅读与写作两种方式，两者可以并行存在。

因为议题和专题练习的介入，教学的节奏也随之改变。在 8 周的设计周期中，专题训练的时长一般设定在 2 周，而进入设计课题的讨论是 6 周。在这过程中，众议的教学方式并没有持续进行 8 周，而只是在前 4 周进行。它涵盖了抽象的专题训练和设计课题前 2 周设计策略讨论的部分，后 4 周是以一对一的教学模式进行的。

在众议之外依旧选择了一对一的教学方式，其原因在于设计教学最终需要落实到空间操作层面上。教学不能只靠语言引导，还需要教师动手示范。众议的方式在抽象专题和设计策略阶段将有助于学生拓宽思路，相互对比和学习，明确各自的设计方向和核心要讨论的问题；在设计深化阶段，因个人方案的走向、设计问题和进度的不同，众议的针对性和有效性会降低，而一对一的模式可以展开更细致且具有针对性的讨论，帮助学生更有效地完成此阶段的设计任务。

3.2 众议与引申的基本框架

众议与引申的基本框架是："设问—讨论—总结—引申"。设问是其前提，而议题则为其提供了教学组织的线索。每节课问题的设定、问题之间的连续性成为解读议题的步骤，进而成为教学的基本框架。

以三年级"村落中民宿设计"为例，议题是"临时的家"，教学以"印象中的家—家的记忆—家的生活形态—家的核心内容与空间形制关系—临时的定义—民宿作为临时的家的特征—临时的家与家的差异"确立了议题讨论的步骤及其前后关系。在这个过程中，议题的分解和讨论内容的递进关系是众议教学组织的核心内容，它也涉及了教案设计的深度和教学的深度。

当然，从不同的角度解读议题会影响讨论的内容、深度和走向。但众议的目的不是给出标准答案，而是引申，引导学生开始思考。在众议过程中，可以首先对学生回答问题的切入点进行分析和分类，它涉及三个层面：一是，学生选择的切入点是否可以解答问题；二是，这个切入点的讨论涉及的核心问题会是什么；三是，在学生回答的具体内容中有价值的地方是什么，哪些方面可以进行衍生讨论。在讨论之后，可以对切入点、核心问题和衍生性研究方向进行总结，目的是帮助学生建立解读该问题的框架，提供衍生研究的线索，明确它们与设计课题总体目标之间的关联性，并激发学生探讨该问题的想象，以便学生自己可以继续探索，寻找自己的答案，将之转化为设计策略。

以"村落中民宿设计"的讨论课为例。在讨论议题"临时的家"时，学生提出在旅馆里没有属于自己的物，所以不会有家的感觉。因而提出要在民居里鼓励住客种植物，下次再来时会有归属感。进而由此提出在客房前开辟块场地用于种植活动。在讨论过程中，可以就学生陈述中"家的记忆""行为的痕迹""旅馆与家在体验上的差异还有什么""两者生活形态的组织核心有什么差异"等提出引申讨论的话题，同时就"若是策略更多涉及的是管理、策划层面，如何将之转化为空间形制的讨论？若不能转化为空间问题，那是否可以作为建筑设计的核心策略？"以此作为"建筑设计的核心内容是什么"的延伸讨论。

可见，确认和分解议题，对研究方向进行分辨和引导，在讨论过程中不断地抛出问题，并进行开放式讨论，这些都是引导思考的步骤。

4 意图与工具

在设计教学过程中，教学意图与工具（文本、模型和图）之间需要建立关联性，从而达到意图与工具之间相互支撑和互映。在这个过程中，需要对工具有明确的认知。

4.1 认知工具

在教学过程中，文字、模型和图都是抽象性的工具。

文字，激发想象和推动设计精确化的工具。尽管它不涉及物质呈现，但它的抽象性赋予想象的空间。个体将各自经历、体验和记忆融入文字，想象"情景"，个体的差异使得文字催发的"共情"产生多样性。这种多样性在众议过程中相互碰撞，使得想象得以延伸。同时，在文字与设计策略相互校正的过程中也推动了设计的精确化。在设计和教学过程中，文字可以以多种形式存在——短文、关键语句，或是关键词，它取决于意图。卒姆托曾描述过，有次接受的设计任务书是以短文描述体验来构成的。可以想象，任务书激发的"画面"成为设计的原动力。若是文字用以描述设计策略，当下大多实施的是关键词教学法。它的有效性毋庸置疑，但是需要对它与设计的关联性和文字描述的内容进行仔细判别。关键词是作为对设计成果的概括，还是作为推动设计的手段来介入设计的？文字概括的是设计的操作动作、关系、感知还是形式特征？既然文字与想象相关，是不是含义越单一的词对于想象的激发越薄弱，从而减弱了推动设计的作用？而且设计是个复杂要素相互制衡的过程，当用单一的关键词来概括设计策略时，需要警惕将"词"的定义无限拓展的危险。

模型，"建造"空间的工具。它在建造和空间表达两个层面都具有抽象性，它是对真实进行抽象和表述，在抽象中展开对真实的想象。在实体模型和计算机模型之间，设计教学该如何选取？两者的一个差别是关于建造意识：实体模型是个做的过程，存在稳定性的问题，因而需要学生有一定的建造意识。而计算机模型不存在垮塌的问题，可以完全忽视建造的基本逻辑。两者的另一个差别是对尺度的感知：对实体模型的尺度感知是固定的，尽管它不是对空间真实尺寸的感知。随着计算机模型在屏幕里放大或是缩小，人对同一物体的尺度感知是变化的，或者说是对物很难建立尺度感知。实际上，对真实尺寸的感知是需要更多现场体验来建立的，两种模型都有难度。但计算机模型为尺度感知的建立设置了更多的障碍，这个认知对于基础设计教学而言尤为重要。

图，准确化的工具。在设计教学中，图一直占据着主导地位，它的表达方式成为研究的重点。因为学科的特性，建筑的图在技术表达、感知和意图表达、风格特征之间拉扯。教学中的图应该以技术性为基础。图的技术表达，对策略图而言，是文字与图之间的匹配性；对于平、立、剖面图而言，是尺寸的准确、不同图相互印证的空间的一致性，以及每根线的意图准确；对于场景图，建造逻辑的准确、空间意图的明确性是其基础。可见，准确性是图技术表达的核心，它不仅指技术性的精确，同时也意味着设计深度。图是阅读空间的工具，引导学生读图，从图中读懂空间的组织关系和特征是教学的重点，而不能让图的表现性替代设计深度。

4.2 关联性的实施策略

工具类型的复杂和表达方式的多样，使得如何选取工具成为问题。

在教学过程中，工具的使用是由教学目的、议题、各设计阶段讨论的内容和任务共同决定的。

就意图与工具之间的关联性而言，通常是通过策略图来检验概念层面的清晰性，并通过它与文字的相互校正来使设计方向更为明确；通过平面图和剖面图研究空间内外关系、空间和行为的组织逻辑；通过立面图研究与周边建筑关系，自身形态、体量与洞口相对尺度关系、建造逻辑；通过场景图（内外）研究体量、空间关系、空间基本姿态、光线与材料，以及对人行为的预设；通过模型研究体量、洞口和立面，以及其与周边环境的关系。实际上，工具与讨论内容之间的关联并不是单一对应关系，诸如通过平面也可以讨论与周边关系，洞口是讨论空间关系重要的要素，等等。

工具在设计各个阶段的选择，以2021年秋季三年级"社区展览馆+"的教学为例（图9），文字主要集中在设计前期展开，在设计中段被再次运用以校正设计策略。在前期，文字用于解读议题、陈述设计策略和描述场地体验。写作是从几段话开始，用以描述意图；再到明确关键语句和关键词，与段落一起推动设计。它是反复凝练意图的过程，并且试图避免关键词语意的无限扩大。

策略图可以是剖面图、轴测分解图或空间布局图等。在教学中，它是作为推进设计的工具来使用的，而不只是解释工具。因而在教学前、中和后期被阶段性地用来校正设计方向。尤其是在设计推进到后期进入细节讨论时，更需要用策略图来确保总体设计概念贯彻到细节设计之中。

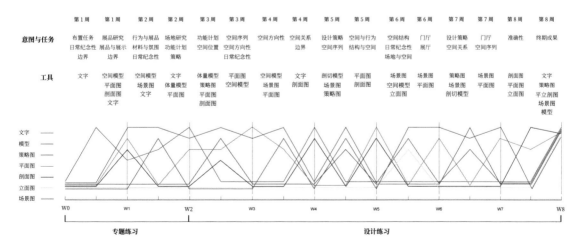

图 9 意图、工具及其实施步骤

实体模型作为推进设计的工具，在这次三年级教学中，在前期承担了主要角色，场景图是后期推进的主要手段，这是因为后期设计进入了细节讨论，模型推进设计的效率会降低。相对而言，模型在低年级教学中比高年级更为重要，因为不同比例模型的研究可以帮助学生建立与物体更为密切的身体关系，以及建立空间概念和建造意识。高年级的学生在经过两年的设计训练之后，理应具备了一定的能力，在设计后期可以通过图来推动设计。当然，若是情况不如设想，在高年级教学中也需要重新加强实体模型的介入。

在模型推进设计过程中，遵循的是从体量模型到空间模型，再到剖切模型的过程。体量模型强调的是将体积与空间开敞方向一起讨论，希望在场地策略讨论中同时展开体量布局和内外空间关系的讨论。设计是解决相互缠绕的各种问题的过程。若教学从解决一个问题开始，再解决下一个问题，则容易导致设计的前后反复。所以在教学中可能需要同时抛出几个问题，然后再展开其他问题的讨论。在此次教学中，剖切模型以讨论空间大小、空间关系、空间深度为主，没有涉及墙体、屋面和地面等剖切位置的构造设计。若是剖切模型需要关注建造节点，则需要强调它与立面的关联性研究。

场景图是检验空间基本姿态的工具，需要从设计早期就开始介入讨论，而不只是最终设计成果的呈现。场景图在设计初始阶段，需要讨论位置、洞口、光线、路径与空间方向性等问题，讨论空间与人的相对尺度关系，以及感知、行为和空间的相互关联，这些是设计起始就需要决定的空间策略。随着设计的深入，光线、材料、家具与氛围的关系开始介入讨论，并用以校正策略和空间关系。

平面图和剖面图是研究功能计划、空间关系、路径和行为的主要参照，在教学中交叉地贯穿了设计的全过程。在设计推进过程中，从草图到计算机图，是准确化的过程。在设计开始 3 周之后，图纸就开始要求精确化，以确立空间大小与感知之间的关联性。

立面的处理，在早期主要是通过模型的体量、洞口位置和大小、空间关系来研究。在设计后期，是通过室外场景图和计算机模型来辅助确认的。其中，立面图没有成为研究的主要工具。在这个设计题目中，节点设计并不是设计任务，因为在 8 周的设计周期里讨论节点，时间会非常局促。实际上，设计深度并不需要靠节点图来体现，这种表象的设计深度已经开始危害设计教学的真实内容。

各个年级的学生设计成果见图 10。

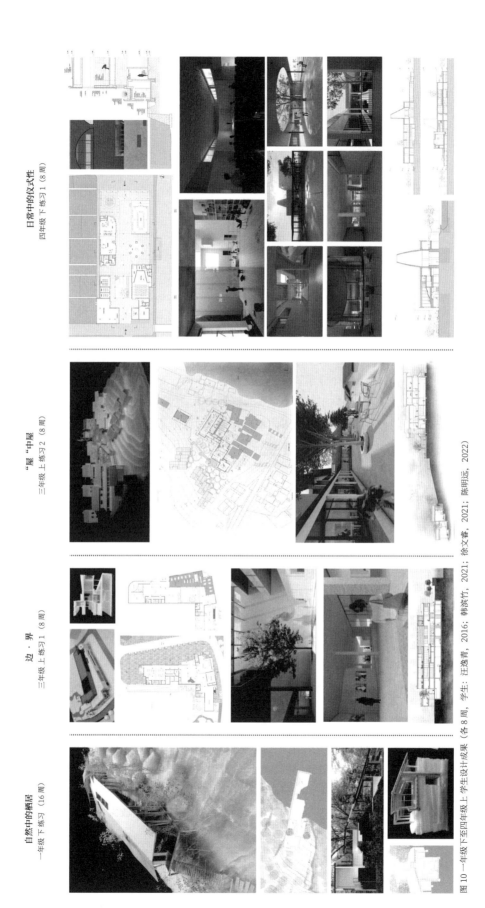

日常中的仪式性
四年级下 练习1 (8周)

"屋"中屋
三年级上 练习2 (8周)

边·界
三年级上 练习1 (8周)

自然中的栖居
一年级下 练习 (16周)

图10 一年级下至四年级上 学生设计成果 (各8周,学生:汪逸青,2016;韩濱竹,2021;徐文睿,2021;陈明远,2022)

5 结语

设计教学是一种整合了设计、研究和教学的实践活动，其研究性在各个教学阶段的侧重点各有不同。对于基础设计教学而言，其研究性更倾向于对整个学科的整体认知，帮助学生在建筑与社会、文化的关联中、在建筑各要素的平衡中建立对建筑"全景式"的认知。其中，尤为重要的是对建筑学最本质的内容的确认，这需要自觉"抵抗"各种建筑潮流，辨别建筑思潮对基本框架的影响。若是说基础设计教学的研究性体现在对本质的理解，以及对广度和整体性的把握上，那么相对而言，高年级教学的研究性更倾向于对某一方面的研究深度。这两种研究性是互为补充的。但是在高年级教学中，需要避免因为深度而忽视了"建筑设计是在各要素平衡制约中确立的"这个基本原则，需要避免建筑设计以理论口号或是各种技术参数图表作为成果，而无视建筑的基本诉求——空间组织和空间氛围的塑造。

设计教学的核心内容是教案设计和教学实施，议题是连接两者的关键性要素。议题使得教学有了预设和基本框架，教学也因此有了指向性且重点明确，从而可以摆脱以往设计教学的随机性。

议题的确立是针对教案设计的线索、建筑基本问题和设计题目的特性而设定的，它是基于教师的理论研究、对建筑的基本认知、案例研究和设计实践的经验而确立的。在同一课题下，议题具有多种可能性，它没有定论或是范式。同时，若是从教学体系来考察议题的确立，它不仅要求各年级的教案之间需要具有连续性，教案设定的议题也需要具有连续性。

从议题到教学实施，需要对每节课的教学意图和方式、设计任务和讨论内容，以及推进设计的工具进行设定。抽象的专题练习是为了更好地深入研究议题，众议是为了相互促进和激发思考，工具始终是用于推进设计来使用的。强调文本是为了激发想象，以此作为设计的推动力，用文字将设计中的理性和想象相互结合；强化实体模型是为了建立空间意识、尺度意识和建造意识；强调图的准确性是为了深化设计意图。在当下，我们需要重拾对图的阅读，从中读懂空间关系、空间基本姿态和组织逻辑，以此为基点推进设计。场景图的讨论首先需要从场景陈述的空间关系出发，不能停留在单纯地描述空间氛围上，这容易陷入强化画面感，却忽视了建筑总体关系的境地。

设计教学需要一个结构性的计划，并保有灵活性。在实施中需要不断地根据学生的不同情况和出现的问题进行调整，这样才能保证教学的有效性，而不是将计划僵硬化。

2022 年寒假本部分写作完稿时，得知赫伯特·克莱默教授病逝，谨以此纪念，感谢教授在教学上的引领。同时也要感谢顾大庆老师在本部分后续修改中提出了很多的宝贵建议。

题图 1 彼得·霍赫，《带着面包的小男孩》（Pieter de Hooch, *A Boy Bringing Bread*）

三年级 上学期 秋季

8 周

2019—2021, 2022—

议题一

边·界
Threshold

1

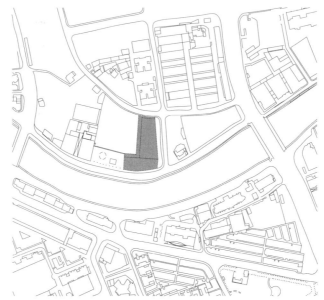

图 1-1 上海四行仓库地块 （2019 — 2021）

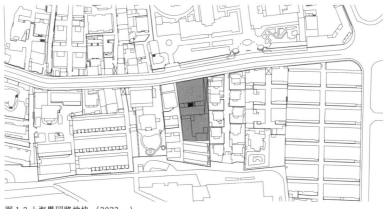

图 1-2 上海愚园路地块 （2022 —）

设计任务
Exercise

"边·界"针对的是本科三年级上学期第 1 个设计练习，是一个在城市环境中探讨空间建造的练习。它在 2019—2021 年以边界（Threshold）与日常的纪念性（Memorial in Ordinary）为议题，在 2022 年之后以边界和集会（Agora, 2022—）为议题，旨在探讨如何建立建筑与周边环境、内部之间的相互关系。其涉及如何借助边界来组织行为、体验、公共性的连续和形式，以及调控空间的方向性和塑造氛围，以此来回应上述关系的建立。

学生将在选定的基地上设计"社区展览馆+"，其中包含了展览、工坊、多功能室和商业（书店、咖啡馆）等功能。同时要求学生根据研究，自行设定不超过 200 平方米的功能计划。

这个练习在前后几年中曾选择了 2 个不同地块作为设计场地。第 1 个地块选在了上海抗战历史遗迹——四行仓库的西侧（2019—2021 年），场地与四行仓库之间隔了一个纪念性广场和一条南北向步行道路（图 1-1）。第 2 个选了上海愚园路南侧的一个地块，它与北侧的上海市市西中学隔街相对（2022 年—），愚园路曾位于法租界内（图 1-2）。

首先，基地的选择是对从何种角度认知城市和社会、观察和体验何种公众行为进行选择。选择"事件"遗址——四行仓库地块，实际上是想区别于同济以往的设计训练——以里弄为主的城市认知，将之拓展到"事件"的维度，来丰富对城市的历史和演变的理解。同时，这也就决定了另外一个设计议题的确立——"日常的纪念性"。四行仓库的西立面保留了战时遗迹，因而在其西侧设立了纪念广场。在 2020 年夏之前，它是周边居住人群傍晚的休闲场地。随着以四行仓库为主场景的电影《八佰》在 2020 年上映，广场上集体的纪念性行为明显增加。这种情形的转换为"日常的纪念性"的讨论提供了鲜活的素材。同时，场地周边还有沿苏州河休闲的市民、骑自行车、电动车上下班的员工，以及居住在场地北侧、文化用品市场上多层居民楼里的居民和旁边高层居住小区里的住户。实际上，周边地块原来主要是20世纪八九十年代以来建设的居住小区。几年前苏州河开始环境整治，沿河地块开始被重新开发和再利用，原有的一些居住、仓储、办公和停车场被搬离。

而愚园路地块是以市民多重的日常生活场景为主，选择以"集会"（Agora）为议题一方面是基于此，另一方面是基于英文Agora的语义中包含希腊时期的空间形制和社会公共生活组织方式，包括民主参与的生活，这也是练习想要学生思考的内容。愚园路地块面对的是在小尺度城市历史街区中闲散的居住者、往来穿梭于小店的白领、熙攘的学生人流和偶尔光顾名人故居的历史追思者。既有的生活形态实际暗含了居住者和往来者的身份、经济状况和行为习性，它提示了"此地"公共场所的基本特征和功能指向。

其次，基地选择需要关注设计地块与周边地块的关系。第1块设计场地与四行仓库是隔街并置、互望的关系。这种关系，决定了如何将遗址的"影响"拓展到内部空间、两者如何共同界定一个外部空间（纪念性广场）并支撑公共空间人的行为，这是场地关系所提出的空间问题。而愚园路地块类似于缝隙地块，周边地块与之毗邻，左右并置。这种左右并列的关系，一方面需要讨论两者如何共同建立街道界面和公共性连续的问题；另一方面也可探索与周边地块的边界问题。在以围墙建立两者分离的方式之外，是否还有其他的可能性。更为重要的是，愚园路场地的后侧有住宅楼，需要穿越设计场地进入。居住人群穿越场地所带来的不同身份人和行为的混杂将不可避免地成为预设的设计问题。

最后，需要决定的是基地的形状。不同基地形状实际暗含了空间组织可能会涉及的潜在内容。四行仓库基地形状选择了L形。L形场地暗含的是空间转向和空间转轴的问题，正如威尼斯圣马可广场所揭示的。只是一个是室外空间，现在将其反转成内部空间组织问题。当然，这涉及一个前提认知，即一个L形场地上的建筑未必是以L形来布局。但在教学中，这种提前预设会让教学有深入讨论的可能。而愚园路地块是个南北向狭长的矩形地块，它涉及的是空间在纵深方向的延展，换句话说，它可以转化为对空间深度的挖掘，抑或是讨论空间深度的扁平化感知。这些成了基地形状所带来的预设的基本问题。

1. 讨论的核心问题

1）边界的定义及其潜在的位置

2）边界与体验（"跨越"、厚度及其深度）、边界与尺度、边界
组织行为、边界组织空间关系

3）特殊展品、光线、行为、氛围的关联性

4）自定义功能计划与场地调研的关联性

5）日常的纪念性

2. 强化

1）平面的组织与空间的方向性

2）尺度与体验

3）空间关系、身份与行为的关联性

3. 设计任务书（4200 m^2）

1) 展厅（特展厅 ≤ 100 m^2，展厅 800 m^2，临时展厅：≤ 200 m^2）

2) 工坊（特展工坊：200 m^2，工坊：300 m^2）

3) 多功能厅 120 m^2

4) 书店 80 m^2

5) 咖啡厅 120 m^2

6) 办公室 120 m^2

7) 贮藏 300 m^2

8) 安保 20 m^2

9) 车库 45 辆

10) 自定义功能

4. 专题练习（2 周）

1) 边界、日常的纪念性的定义

2) 模型：边界（自定义设计内容）

题图2 安迪·戈兹沃西,《光与影 》（Andy Goldsworthy, *Light with Shadow*）

边　界
Threshold

在家门口，红裙妇人俯身拾起小男孩篮里的一块面包。透过敞开的家门，可以看见红白地砖铺砌的内院，阳光打亮了内院另一侧的房子。视线继续往前，穿过略显昏暗的一层楼道，一眼就看到了沿河的街道、河对面的房子，以及房内往外张望的妇人。街道的地面隐约也是红白色的，与内院的铺地相仿，这使得内院与街道看似是一体的。前排房子的楼道比街道和内院都高一个踏步，它地面铺砌的材质与家里一样，仿佛前排房子是家的延伸。内院里阳光明媚，树木在风中摇曳。室内的窗户开得有点高，窗边有块黄色地毯铺的区域，一张高背椅布置其中，这是女主人平时待的地方。为了方便她坐在上面可以透过高高的窗户向外眺望，椅子上垫了个高高的坐垫（图 1-3）。

图 1-3 彼得·霍赫，《带着面包的小男孩》
（Pieter de Hooch, *A Boy Bringing Bread*）

在这里，空间的领域——河对岸、河、街道、沿街的前排房子、前排房子里的楼道、内院、后排房子（家），看似相互之间的空间边界明确，高差和不同地面材料也强化了各自的分界。但实际上不同领域之间又建立了感知上的连接，如街道与内院、前排房子与后排房子，这使得边界又变得模糊，领域在物质界定的范围与感知的范围之间出现了交错。同时，边界上的要素——门和窗，都在组织行为。这幅 17 世纪的荷兰风俗画表明了该时期门的领域是家对外交谈和交往的场所，窗组织了闲坐和张望的行为。人的行为和家具的布置暗示了边界的意义。

彼得·霍赫这幅画所展示的内外关系提示我们需要重新审视"边界"这个建筑基本问题，因为它是建立内与外、内部空间关系的核心内容。

1.《说文》中，"边，行垂崖也""界，境也"。

2. 韦氏词典（Merriam-Webster）对于 Threshold 的定义：

1) the plank, stone, or piece of timber that lies under a door;

2) a. gate, door; b1. end, boungdary; b1. the place or point of entering or beginning ; b2. the place or point of entering or beginning;

3) a. the point at which a physiological or psychological effect begins to be produced; b. a level, point, or value above which something is true or will take place and below which it is not or will not door-sill, point of entering.

从中文词义来看，边界是指领土或是疆域的界限。它由"边"与"界"两个字构成，它的含义是由"边"的名词意义"边缘、交接"与"界"的动词意义"界定"来构成的[1]，它以分离和界定为其基本内涵。

边界首先暗示了"这"与"那"。在中国风水理论中，环绕场地各个方位的远近群山和水系是择地的重要考察要素，它们被认为是界定了场域的边界，是一种意识和体验的边界，是一种结束，同时"翻越"它们，则是另外一个世界的开始，新的开始。因而边界具有双重意义。

英文中对应边界的是 edge，或是 threshold。 edge 从词义来看，本质就是"边"的意思。threshold 在英文中很难追溯词源，据说来自民间用语。从词义看，其原义是指"门槛"，延伸的含义是门和边界，是另一种体验的开始[2]。综合来看，中英文指向的基本含义：分界且界定；转换，结束且开始。

若是进一步延伸讨论，我们似乎得从确认"边界，是权属边界、属性边界（内外、隶属不同人群等）、空间边界，还是感知边界？"这个问题开始，它从单纯的空间命题，转向空间与社会属性的叠加。

比阿特丽斯·科洛米纳（Beatriz Colomina）在《私密性与公共性》一书中提及："随着现代性的发展……所有的边界都在改变，这种转变在任何地方都显而易见；在城市中，当然也存在于所有定义这种城市空间的技术之中——铁路、报纸、摄影、电力、广告、预制混凝土、玻璃、电话、电影、广播……战争。每一种都可以被理解为一种打破内与外、公共与私密、白天与黑夜、深度与表面、这里和那里、街道和室内等旧有边界的机制。"[4]9

当下，随着互联网和人工智能技术深入日常生活中的各个领域，定义空间的技术在持续拓展——互联网、手机、社交软件、直播、网络游戏、监控、电商、快递、自动驾驶、大数据、人工智能、ChatGPT、仿真、3D 打印和建造技术等，它们都在持续改变真实与虚拟、这里与那里、定居与游牧、长久与暂时、连续与分离、公共与私密、我与他者、家与社会等的边界机制。

若是从霍赫风俗画所提示的边界空间属性——"领域、行为"延伸开来（图1-4，图1-5），它可以包含：

　　"边"似乎指向某种物质的存在，同时暗示其具有线性特征，具有一定的长度。

　　"边"是否可以存在于意识中，而不是以真实物质状态存在？

　　"边"是否可以存在感知（意识）边界与权属边界，或是属性边界的"错位"？

　　"边"是否可以处于"暂时"状态，由时间性决定其存在与否，或是位置的差异？

　　"边"是否可以存在位置不确定的模糊状态？

　　"边"是否具有可以成为体积的可能性，从而成为人行动的容器？

　　"边"在垂直要素之外，水平要素是否可以成为边界？这是否意味着空间的方向性从水平延展转向垂直方向的延展？

　　"界"无论从名词或是动词属性看，都指向"划分"是其基本属性，指从已存的状态中划分出一个"特定"的领域。它表明的是"边"的作用。

界定 领域（空间）范围及其归属。

界定 两侧空间的特征："边"的两侧可以承担不同的角色，来应对这与那的不同需求，它涉及空间的形、形式与氛围。

界定 空间关系："这与那"的氛围和体验连续性，抑或是转换？还是"边"成为"这与那"的中介空间？

界定 行为：跨越、穿越"边"的行为及其体验，以及两侧的行为和两者的关系。

图1-4 奥加提，埃姆住宅（Valerio Olgiati, Villa Alem）

图1-5 岛田阳，川西的住居（Tao Architects, House in Kawanishi）

题图 3 华盛顿越战纪念碑

身体与纪念性：消失与再现、纪念与记忆 [1]
Body and Monumentality:
Elapse and Represent, Monument and Memory

依然记得十年前四月的一天，阳光慵懒地晒着大地，空气依旧清冷。途经华盛顿林肯纪念堂，在一片嫩绿中走近越战纪念碑。沿着楔入地面的 V 形黑色花岗石纪念墙渐行向下，人逐渐走入地面之下，纪念墙越来越高，墙上镌刻的阵亡者名单越来越长，最终，一侧阳光下充满生机的绿色也逐渐消失在视野之中。缓步前行，瞥见一枝玫瑰悄然靠在墙边，在抛光黑色花岗石投下的红色玫瑰花影与某个阵亡者名字叠在一起，为已切入地下的甬道平添了一抹亮色和惆怅；站定，面向黑色墙体，身体的影子映在一排排、一列列的阵亡者名字上；扭头，看见旁边老人单膝跪下，抚摸、亲吻着墙上的名字；回看纪念墙，凝望着身体的影子与镌刻的名字重叠在一起，感觉身体进入了这些名字，有些涩；空寂，前行，走回慵懒阳光下的绿色之中（图 1-6）。

生与死，存在与消失；纪念与记忆，消失与再现……眼泪，最终会环绕着每个人：家人、历史人物、无名战士、战争或灾难。对亡者的纪念，因人和事件的不同而涉及不同层面的因素，进而呈现出不同的纪念方式。如何表述生者与死者，或是与事件的关联，如何表述消失，以何种形式再现，则成为重要的问题。

消失与再现

关于生与死，我国古代和西方都有一个共同的基本认识，即它们处于循环往复中，而且都与大地密切相关。在古希腊和罗马时期，死的世界被认为是生的世界的延续。尼采曾经进一步说过，死是生的对立面，生仅仅是死的一类，非常稀少的一类。[1] 在我国古代，首先认为"葬者，乃五行之返本还原，归根复命，而教化之变达也"。死者处于的循环是"万物不能越土而生，人亦万物"。[2]8-9 但两者对亡者世界的想象和再现有所差异。

1. 原文载于《建筑师》2012(3): 15-18. 标题和文字稍作修改。

图 1-6 华盛顿越战纪念碑

图1-7 阿皮亚大道复原图及现状图

图1-8 摩德纳圣卡塔多公墓

2. 巫鸿提到在招魂后，遗体从灵堂的北面移至南面窗下。接受供奉，然后宣告死亡的消息。亲友们致哀，礼仪专家给死者沐浴、更衣。在这期间，铭旌悬挂在外，最后再盖在死者的灵牌上。

3. 巫鸿以甘肃酒泉发现的丁家闸五号墓的壁画为例，探讨了墓葬中的三重世界。

在古希腊和罗马时期，正因为认为死是生的延续，所以其现实世界中的社会等级和组织结构都被复刻在亡者的世界中，它们紧密地连接着生者与死者。以罗马城外的阿皮亚大道为例（图1-7），墓地沿着进城的城郊道路布置，使得人们日常必经的路径与墓地紧密相连。这些死者的冢有的像小型建筑，有的就只有墓碑，这取决于死者的社会地位和财富。将"陵墓坐落于最繁忙最嘈杂的道边，殡葬建筑物和陵墓的拱廊成了需要休息的人的庇护所……这与死者本应能参与城市活人生活的精神不谋而合"。[3]18 这种将殡葬建筑物建得和真实建筑相似的情形在意大利依旧沿用。以罗西（Aldo Rossi）在摩德纳设计的圣卡塔多公墓扩建为例，无论是1858年的公墓，还是罗西增建的部分（图1-8），死者的家就像日常生活中的建筑，死者就像居住在生的世界里一样。但罗西建造的亡者世界与罗马时期的死亡世界的本质存在差异。在后者，活的人生活在建造的死亡世界里，人们经过建造的死亡世界进出城市，并在这条路径上休息和经商，甚至是聚会。在某种意义上，死者参与了城市人的生活，它体现了死是生的延续。而罗西的公墓则位于城外的独立区域，被封闭在围墙内，除了悼念外，与生的世界处于隔离状态。

如果西方是通过地上具体的建筑形式来象征死者的生活场景，从最初的介入城市人的日常生活，到与城市人的生活相隔离的状态来构建亡者的世界、想象死的世界与生的世界的关联，那么我国古代对亡者世界的想象则与之不同。我们是在仪式过程中通过铭旌替代死者在另外世界的存在，并通过陪葬品和墓室空间的壁画来想象死者的世界。

在最初的埋葬仪式中，当各种仪式在灵堂举行时，用来代表死者存在的铭旌悬挂在灵堂外的竹竿上。2[5]104 对死者世界的想象首先是死者像生者一样的生活，死者的所需和他所处生活场景是与现实一样的。这从东周和汉代的椁墓中的随葬器物可以证实。以西汉初期軑侯夫人的竖穴椁墓为例，无论是死者生前的用品、或是专门的墓葬用品，这些随葬物品包括了家具、饮食器、化妆品、起居用具、衣物、木桶和仿制乐器等日常用具。[5]82 而在中国古代，对死者世界的想象还包括了对升仙和地府的描述，在湖南长沙马王堆1号墓中四重的套棺和铭旌中体现了这一点。[5]86 而室墓空间的出现，也为在室墓墙上描述身后的幸福家园、天界和仙境提供了机会 3[6]31-63（图1-9）。

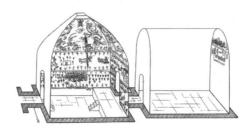

图1-9 甘肃酒泉丁家闸五号墓轴测

由此可见，在古代，我国和西方都以想象替代缺失，以想象中的亡者世界来建立与生的世界之间的循环。而这种以想象替代缺失的方式，尤其是在步入 20 世纪以后，当纪念成为一种"消费"时，它被以"再现替代缺失"所取代，这在纪念战争、灾难或英雄人物时表现得尤为明显。

以国内常见的战争纪念碑为例，诸如北京的人民英雄纪念碑和上海外滩的人民英雄纪念塔，多以基座浮雕形式再现英雄场面。名人或事件纪念堂，也多摆脱不了雕像或是还原事件的某些典型场景的模式，以上海的中共一大会址为例。而侵华日军南京大屠杀遇难同胞纪念馆，尽管以平淡的形式、不对称的空间布局、以庭院开启空间序列为我国的纪念性空间创作做出了许多开创性尝试，但在表达缺失时，仍以墙面上纪实的浮雕、孤立无助的母亲雕像、枯死的树等具象的再现来替代曾经的缺失。实际上这种模式在国外的事件或人物纪念中也经常出现，从方尖碑、凯旋门，到华盛顿的朝鲜战争纪念碑园区，都会以文字、浮雕或雕像来表达某种纪念。

但在这种纪念碑式的纪念中，参与者与纪念物之间存在着距离。参与者来到"孤立在外"的纪念环境中，以一种旁观者的身份观看"规定"的内容，平静地"接受"纪念碑所传递的信息，然后回到日常生活中。在这种纪念中，除去事件的亲历者，参与者的身体无法与记忆真实地交织在一起。对于他们而言，记忆构筑的纪念世界犹如他者。法国历史学家皮尔·诺拉（Pierre Nora）在谈论记忆时，强调"现代记忆完全依赖于（历史）痕迹的物质性，记录的即时性，和图像的视觉性……这种记忆，它越是通过外在表现和符号来传达，它越难深入人心"。[4][7]13 当纪念与记忆相分隔，当纪念碑成为意识形态的代言，当参与者只是一个观看者，当纪念成为日常生活之外的某个瞬间时，这种纪念在詹姆斯·杨（James Yang）看来，在某种程度上，它则是一种"积极"的遗忘。[5][8]273

身体与纪念

回到华盛顿越战纪念碑，当参观者的影子与黑色墙上逝者的名字之间相互"映射"和重叠时，当身体在纪念性空间中与纪念性指向的"物体"（被简化到极致的名字）形成互动，这种纪念方式已经不再局限于以往以"场景还原"的再现来唤起参时的视觉感知。这种身体性的互动在丹尼尔·李布斯金设计的柏林犹太人纪念馆里体现在对声音的运用上，包括底层的装置艺术，人走在上面发出的类似镣铐的回响（图 1-10），以及在走进类似焚烧炉的空间时，厚重的金属门在身后合上的沉闷的声音。而彼得·艾森曼设计的欧洲被害犹太人纪念碑，着重刻画了身体在密集的柱体和地面起伏的状态下行进时所受到的挤压的感知（图 1-11）。

4. 原文为"Modern memory is, above all, achival. It relies entirely on the materiality of the trace, the immediacy of the recording, the visibility of the image…the less memory is experienced from the inside the more it exists only through its exterior scaffolding and outward signs."

5. 原文为"Under the illusion that our memorial edifices will always be there to remind us, we take leave of them and return only at our convenience. To the extent that we encourage monuments to do our memory-work for us, we become that much more forgetful."

图 1-10 柏林犹太人纪念馆的"落叶"

图 1-11 柏林欧洲被害犹太人纪念碑

这些设计在本质上是一致的，他们对历史的提示，不再指向一种具体的参照物。尽管三者都是对某个事件的纪念，但当越战纪念碑将死者名字作为纪念的主体，便将对集体行为的一种纪念转化为对个体的记忆，将个体的名字、名字背后可能代表的一切都融入了对事件的纪念中。它将事件解读成是由个体组成的，而不再是一种历史性的宏观描述和记忆，可能这就是林璎设计的越战纪念碑至今能依旧感人的原因。

但是从 1981 年林璎提供的设计方案中，我们依旧可以看出在身体和纪念氛围的问题上，方案与建成之间存在着差异（图 1-12）。

林璎在她 2002 年出版的《界线》一书中，曾提到她一直不愿意提及华盛顿越战纪念碑的建造过程，部分原因是因为她忘了。实际整个建造过程不仅经历了最初设计竞赛捐助人罗斯·佩罗（Ross Perot）和国会议员亨利·海德（Henry Hyde）对方案的强烈反对，而且经历了长时间的对在原有方案中添加雕像和国旗的讨论。雕像和国旗的添加尽管遭到了林璎的强烈反对，但还是在越战退伍老兵纪念基金会对外界的妥协和艺术委员会的同意下，于 1984 年纪念碑揭幕的两年后落成了；[6][9] 同时也经历了对林璎最初设计构思的变更，这也导致建成的场景与林璎在原方案中对身体、纪念和人们如何接近和观看纪念碑的设想有了很大的不同。

她在《界线》一书中曾指出身体在运动中的体验是建筑的重要部分，身体与艺术品之间存在着换位思考的关系。[10]3-7 假若如她想象，身体可以成为塑造建筑意义的媒介，那么它也可以是解读设计的媒介。在谈及最初构思时，她反复提到草地。她的设想是草地和纪念墙是一体的，共同组成纪念场地。人工的黑色花岗石墙在"自然"的草地中出现。人们漫步在草地上，接近纪念墙。这种漫游式的身体行进方式与沿着纪念墙旁私密小道的行进方式是并置在一起的，人在环境中处于"自由"状态。而在建成环境中，纪念碑旁边的草地是被禁止进入的。人们如何进入和接近纪念碑是被标示所引导的，同时奔跑、骑自行车、野餐、喝饮

6. 朱瑛（音译）在论文里通过查阅华盛顿国会图书馆的越战资料（Container Thirty, Vietnam Memorial Fund Achieve, Manuscript Division, Library Congress, Washington, D.C.）记录了越战纪念碑详细的竞赛、设计和建造过程。当时德州金融家罗斯·佩罗（Ross Perot）是竞赛的赞助者，同时也是越战退伍老兵纪念基金会的捐助者。他强烈反对原方案下沉、黑色花岗石的运用，以及只是对死者的纪念方式，并随后撤回了对越战退伍老兵纪念基金会的资助。而国会议员亨利·海德（Henry Hyde）也是主要反对成员，并力主推行纪念雕像和国旗的添加。此提议得到了内政部长的支持。内政部长在越战退伍老兵纪念基金会和艺术委员会的同意添加雕像和国旗后，于 1982 年 5 月签署了建造许可。由于林璎一直反对，艺术委员会决定将雕塑和国旗建在纪念碑引导区的入口广场上，而不是毗邻纪念墙。而且尽管雕像于 1982 年已完成了，但在 1982 年 11 月 13 日的官方纪念日并没有被展示，而是在 1984 年才被放置到场地中。

图 1-12 华盛顿越战纪念碑 林璎方案模型照片

料等行为也是被禁止的。[7] 这时的纪念行为是被"规范化"的,与原方案中呈现的自由状态有很大的反差。

而且从在设计方案阶段提交的模型中我们可以看出,方案与建成项目之间的差异还存在于纪念的氛围上。在建成环境中体验到的是空寂和肃穆,而在方案中呈现出的是纪念和在周围草地上自由活动的人们共处的场景,似乎纪念不需要孤立于人们日常活动之外,肃穆与静谧的氛围似乎被周围儿童的嬉笑、人们各种动作和行为所包围。人们在不经意中、在记忆和现实中往返。一种有着罗马时期的"自在",一种在人们日常活动中的纪念,似乎又在林璎原有的方案中被再次呈现出来了。而这些在建成环境里,都消失了。在原有方案中林璎所呈现的、在建造过程中她所反抗的,似乎都是在对抗"规范化""政治化"和"仪式化"的纪念。

纪念与记忆

而乔晴·哲斯和伊斯特·哲斯(Jochen and Esther Gerz)为哈勃格(Harburg)设计的下沉方柱,在詹姆斯·杨看来,是反纪念碑的一个典范。竞赛时主办者提出的哈勃格纪念碑设计的主旨是"反对纳粹主义、战争和暴力,为了和平和人权"。在哲斯夫妇看来如何通过设计表达这句主旨,同时传达出记忆,而又不是通过惯用的方式,即通过纪念碑的图像或文字来告诉人们应该纪念什么,是设计的核心问题。因为在他们看来原有的纪念方式本身就是一种法西斯做法[8](图1-13)。

设计首先将场地选在了哈勃格的一个交通复杂、工薪阶层生活的地区,而不是在政府最初设想的公园里。场地靠近商业街,临近地铁站,而且也临近哈勃格的市政厅,人流密集。纪念碑是个12米高、1米见方的中空的金属柱,由软铅作为表面材料。没有铭文和雕像,人们可以在其表面书写反对纳粹的句子并签名。金属柱于1986年10月10日建成,随后因为在人够得着的位置都写满了留言和签名而总共下沉了八次,

7. 朱瑛(音译)在其博士论文中将这种行为与"舞蹈"行为对立,讨论"舞蹈"行为对纪念空间的意义,以及在现实建造中所遇到的阻力。朱瑛的"舞蹈"行为是建立在以身体自由地去体验空间的基础上,而这种行为又是与传统的纪念空间要求有所矛盾,这也招致在建造过程中和管理方面的阻力。在其与管理者的访谈中也说明了这一点。

8. 关于设计过程,詹姆斯·杨(James Yang)在"The Counter-Monument: Memory Against Itself in Germany Today"一文中有详细记录。

图1-13 哈勃格反对纳粹主义纪念碑

直至 1993 年 11 月 10 日则完全沉入了地面。

哈勃格纪念柱与越战纪念碑的差异在于场地的选择、纪念方式、参观者的参与方式。哈勃格纪念柱摒弃了优雅的公园,将纪念放在人们真正的日常生活场景中——一个普通大众购物、或乘坐交通,或去市政厅的途中,而不是位于一个休闲、或是由林肯纪念堂或是华盛顿纪念碑所营造的纪念性公园的氛围中。这种方式相较越战纪念碑,彻底打破了纪念空间"博物馆"式的参观方式。

而且,由于以往纪念的叙述是通过设计者或是政治团体设定的框架来完成"规范"式的纪念和"选择性"的记忆。这种方式如同约翰·巴尔代萨利(John Baldessari)《两种人群》的摄影作品,将照片截取的局部与完整的图片进行对照,人们就会发现两组照片呈现的事实有所差别,他借此来解读框架的含义。纪念碑上的文字、图像或雕像,对哲斯夫妇而言,就是框架,一种经过截取的框架,一种社会团体或机构强加给参观者的框架,这是一种对历史的记述方式,也是人们习以为常的方式。而哈勃格的纪念柱与越战纪念碑都试图对此进行反抗。越战纪念碑只是记录了亡者的名字,而哈勃格的纪念柱则记录了参观者的感受和名字。正因为要避免框架式的引导,记录着别人感受的句子和名字,不得不被沉入地下而消失,从而避免对后来者形成"框架",也避免了纪念柱成为纪念的对象。这种做法一方面避免了陷入"框架"式纪念的影响,同时也似乎影射了纪念和记忆的暂时性问题。

在这两个设计中都刻有名字,这首先意味着两者都强调个体存在的重要性。将一种范式的"抽象"的纪念对象、一种参与者的集体纪念,转向个体的纪念和记忆。而且,在参与者身体与纪念、记忆的关联中,哈勃格纪念柱则更进一步。在越战纪念碑中,影子的重要性被凸显,尤其是参与者身体的影子与亡者名字之间的互动,记忆和情感因此被激发。而在哈勃格纪念柱中,名字是参与者的,对事件的理解是参与者个体的表述,参与者的记忆和纪念被表达出来,而越战纪念碑中参与者的纪念与记忆,尽管是个体的,但也是隐匿的。同时,哈勃格纪念柱强调的是纪念哀悼的过程,一种叙述的过程,一种参与的过程。

结语

　　让我们想象下，当二战后德国政府官员每天踩着由被捣毁的犹太人墓地残留下来的墓碑铺就的路面，踩着亡者的名字，去办公室进行日常城市管理工作之时，这种纪念是否会更加被铭记？而这就是哲斯夫妇为萨尔布吕肯（Sarrebruck）设计的"2146 块石头——反法西斯纪念碑"的场景。

　　让纪念和记忆回到对世界的想象，让纪念突破"框架"和"规范"，并走进人们的日常生活。让对事件或战争的纪念，从集体回到个体，让参与者自己创造纪念和记忆，或许此时纪念会来自内心，消失会被真正呈现，或许这是纪念空间的另外一种解读。

学生作业
Students' Projects

基地 1

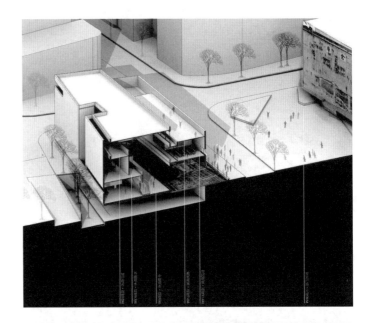

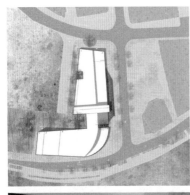

吴祺琳（2019）

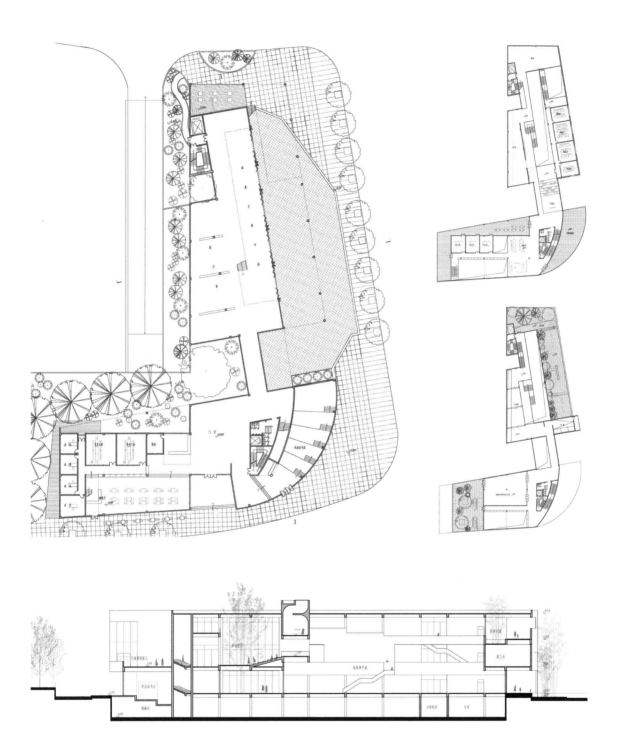

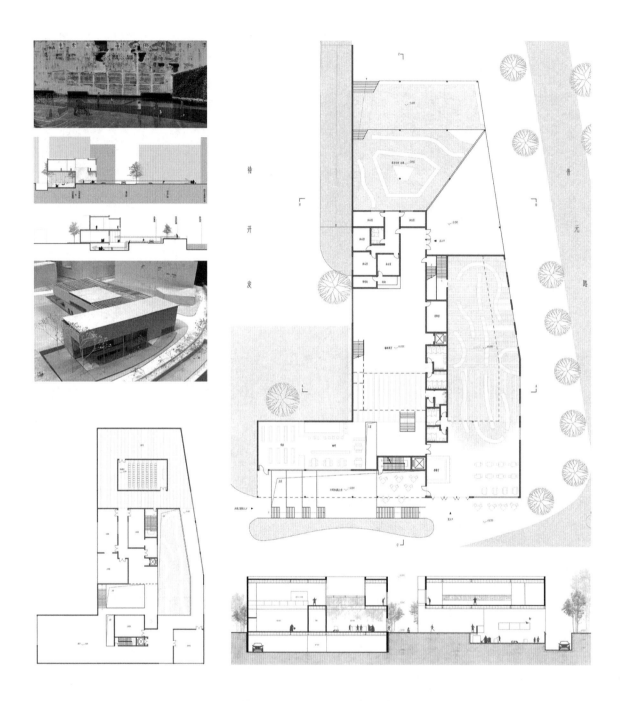

田粟（2019）

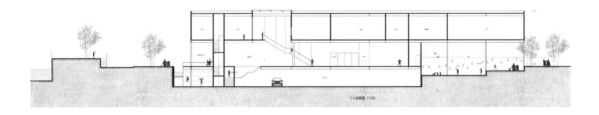

C-C断面図 1:150

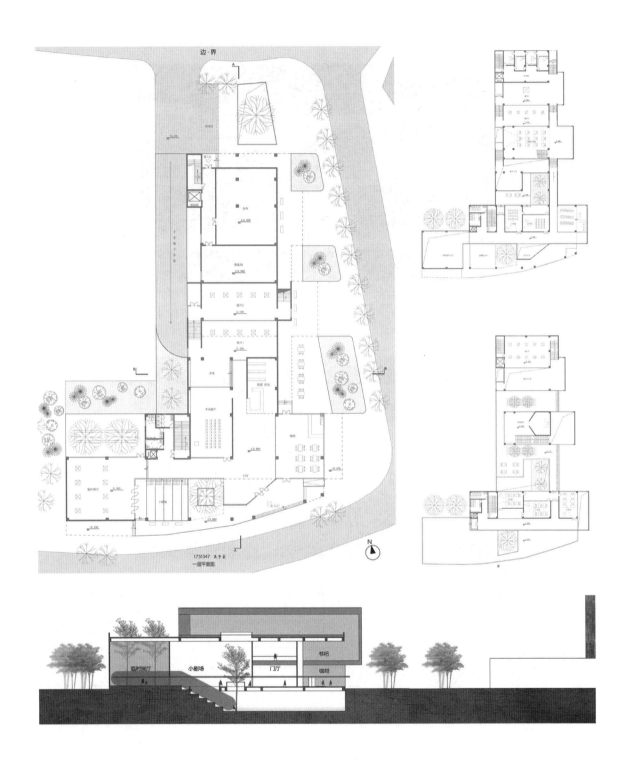

吴子豪（2019）

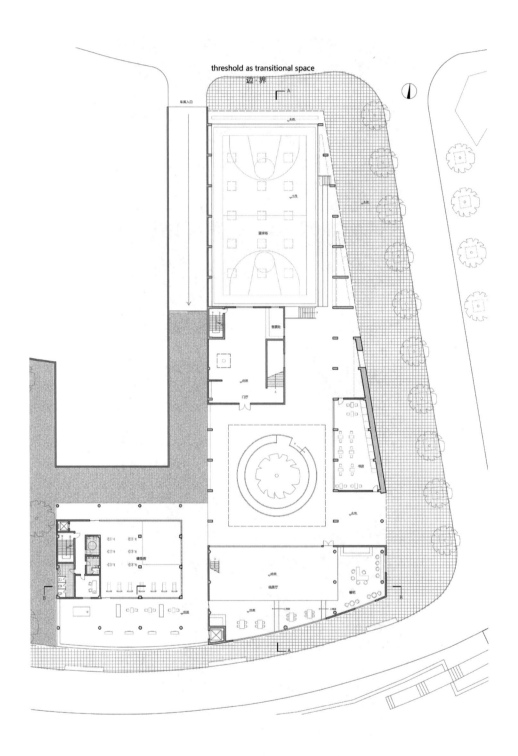

赵娇（2019）

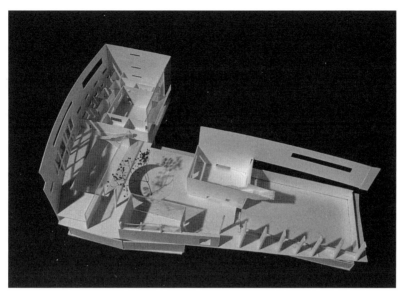

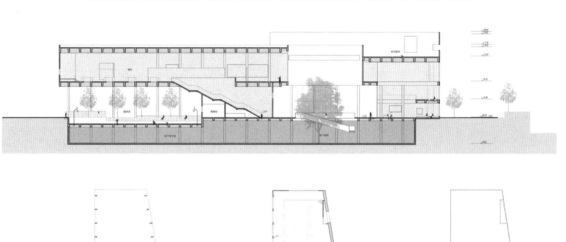

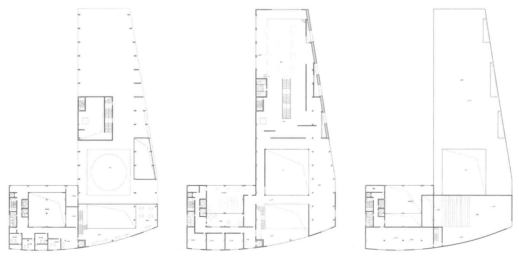

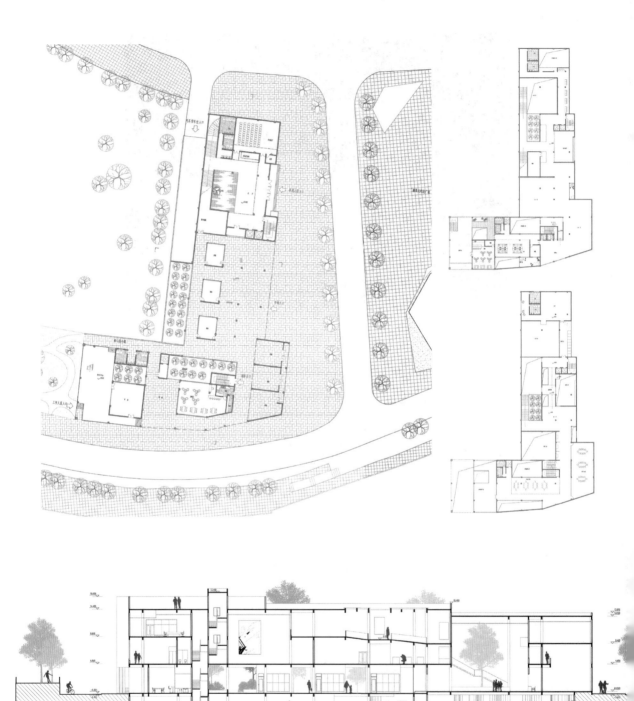

熊若璟（2020）

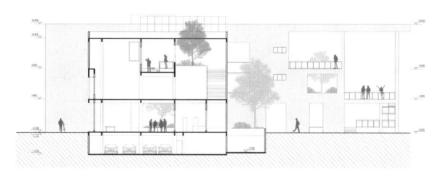

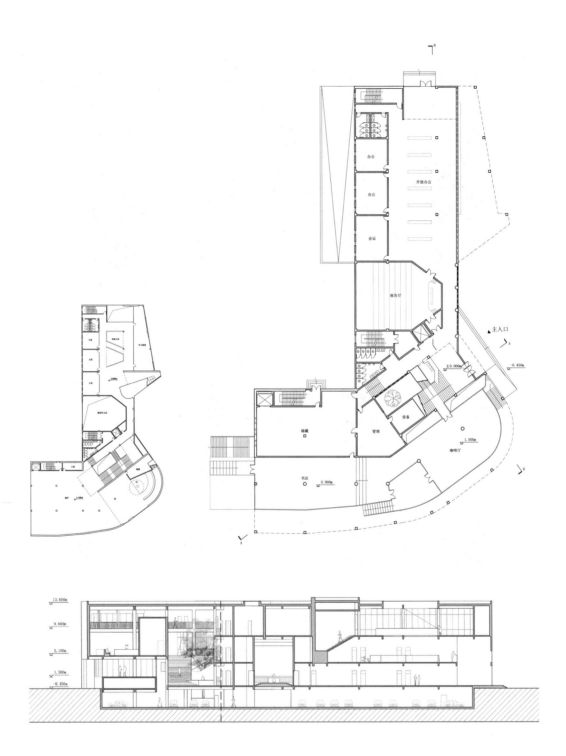

吕嘉欣（2020）

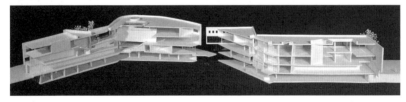

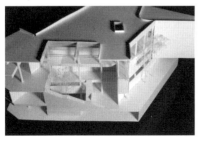

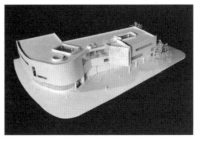

韩滨竹（2021）

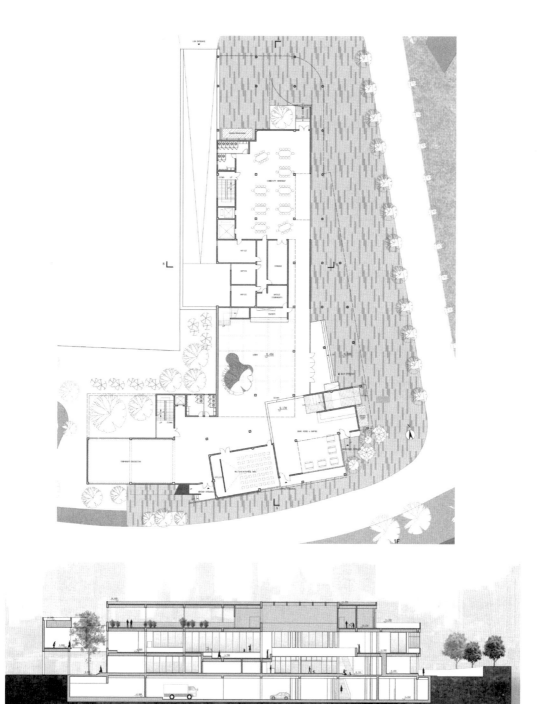

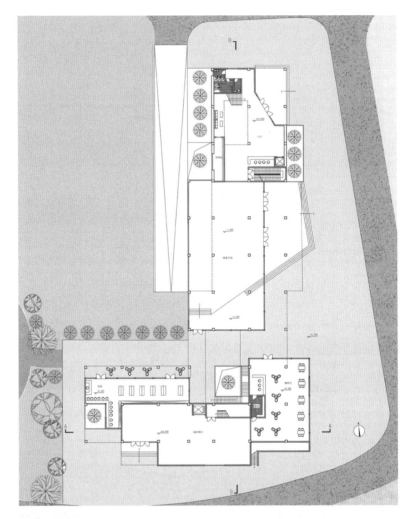

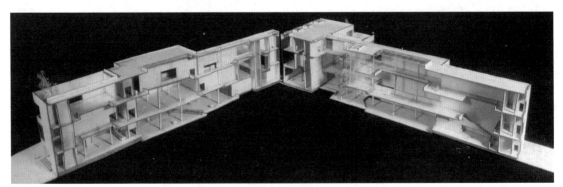

邹雨恩（2021）

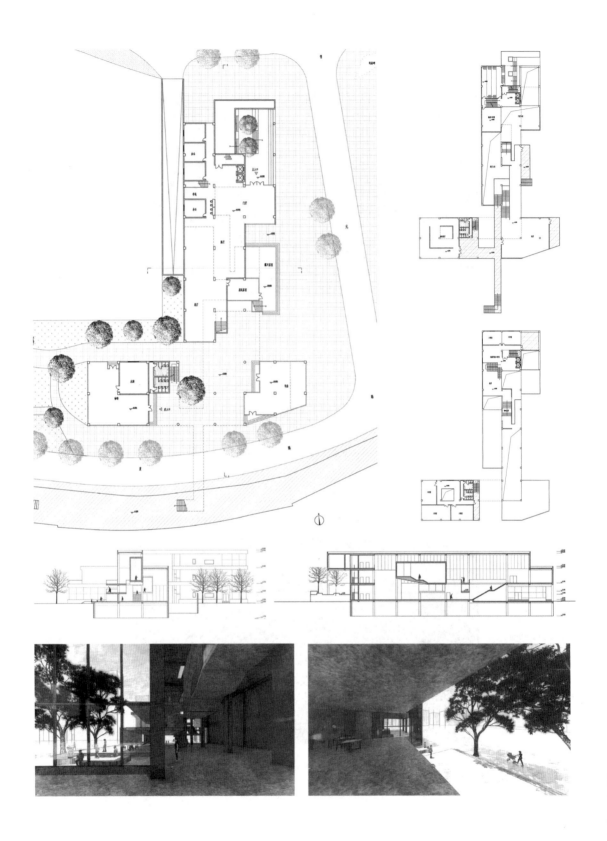

夏逢霖（2021）

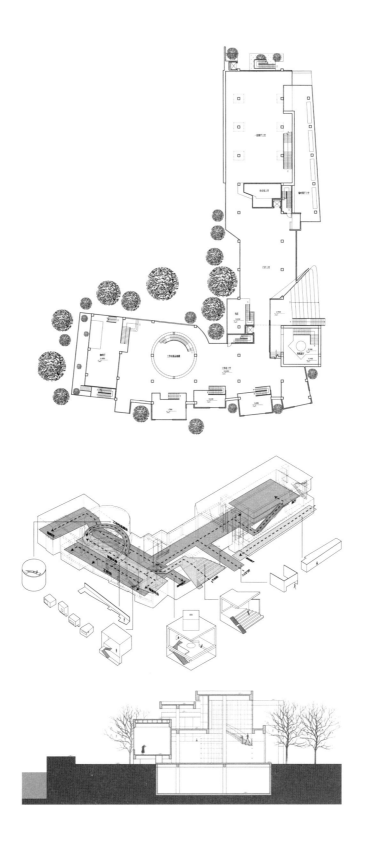

周奕辰（2021）

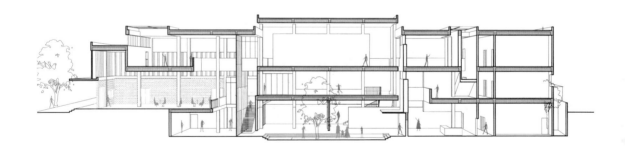

朱健威（2022）

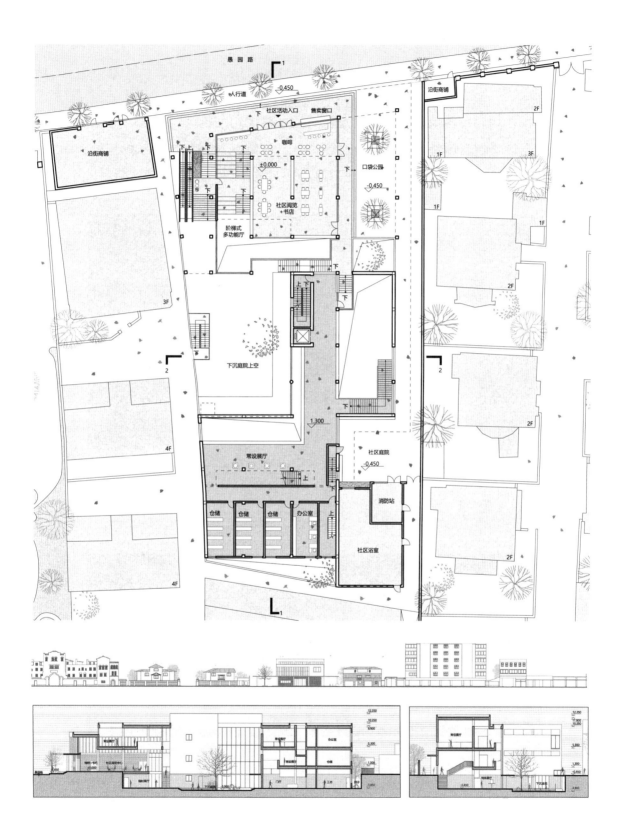

愚园路

人行道   —0.450

社区活动入口 售卖窗口

咖啡

±0.000

沿街商铺

社区阅览
+书店

口袋公园

—0.450

沿街商铺

1F

3F

2F

1F

1F

阶梯式
多功能厅

3F

下沉庭院上空

2F

1.300

4F

常设展厅

社区庭院

—0.450

2F

仓储 仓储 仓储 办公室

消防站

4F

社区浴室

2F

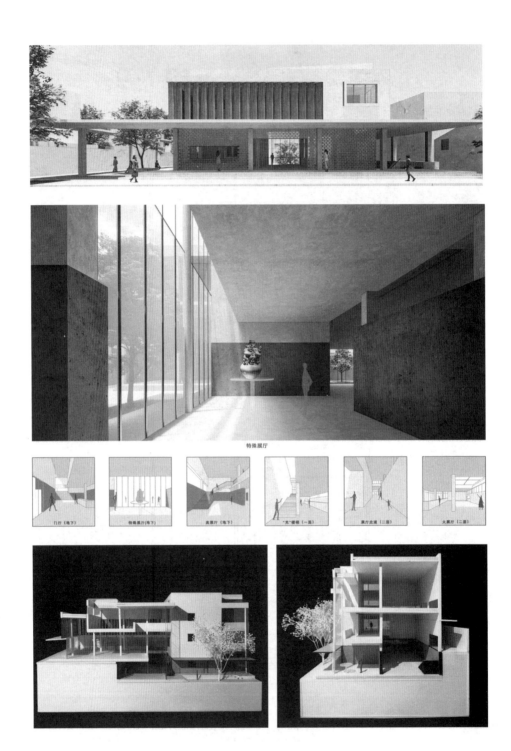

特殊展厅

门厅（地下）　　特殊展厅（地下）　　高展厅（地下）　　"光"楼梯（一层）　　展厅走道（二层）　　大展厅（二层）

朱健威（2022）

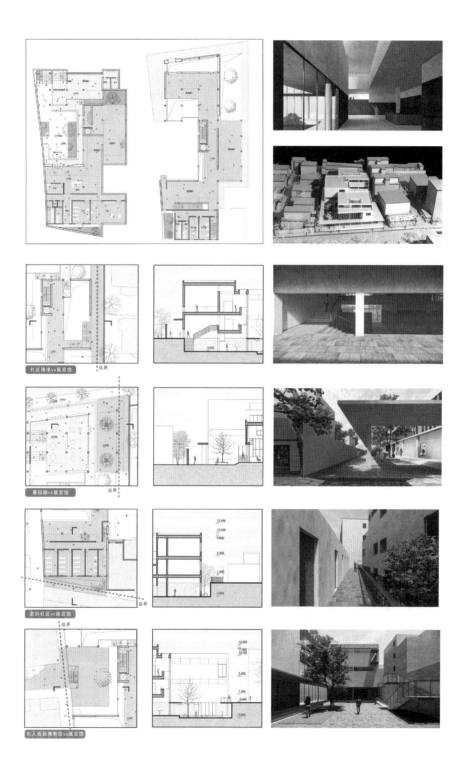

社区通道vs展览馆

暴国路vs展览馆

老旧社区vs展览馆

名人故居博物馆vs展览馆

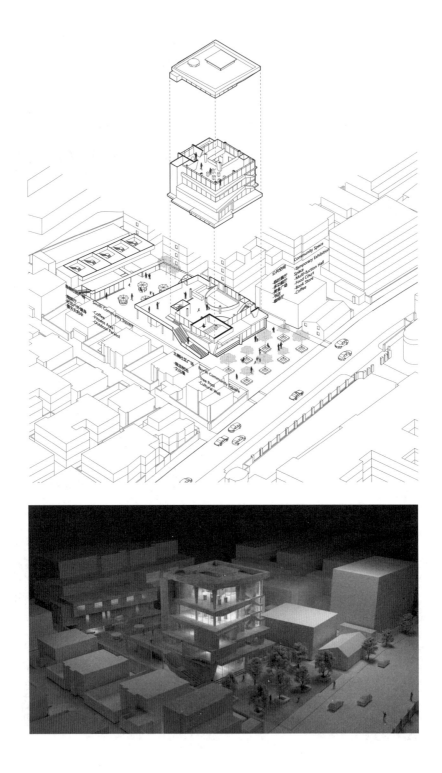

梁学天（2022）

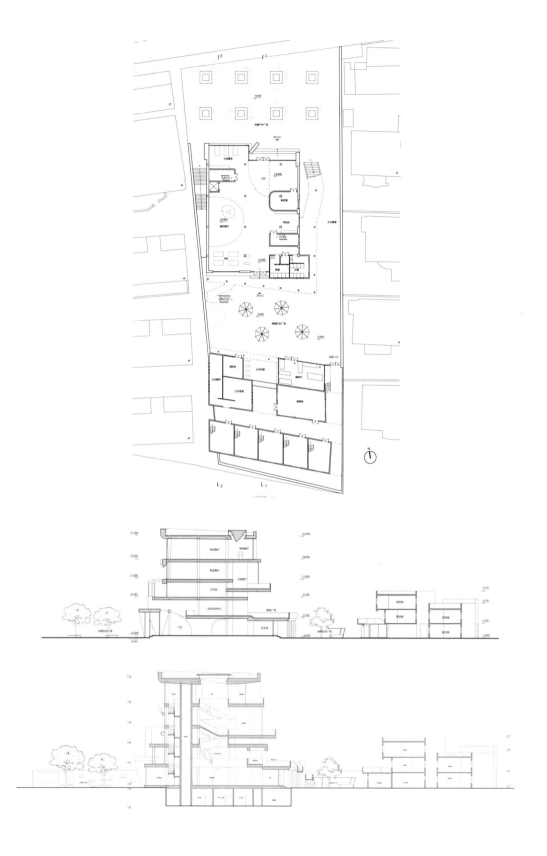

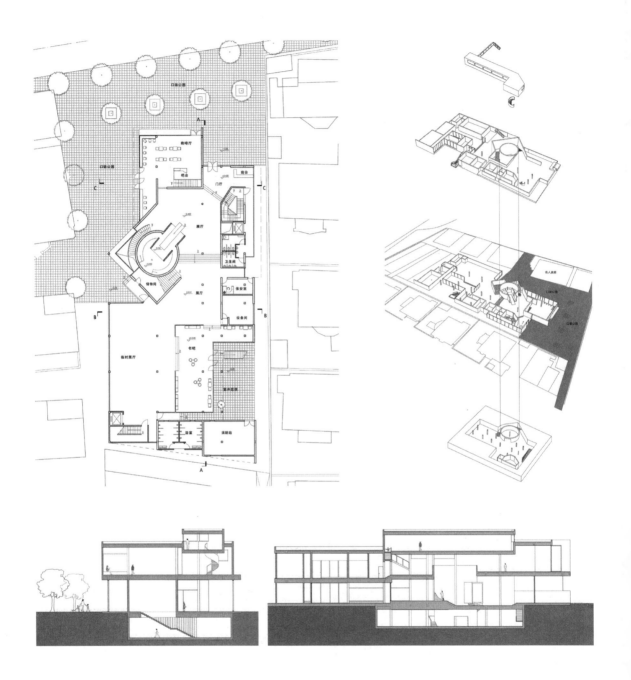

江垚（2022）

井雨瑶（2023）

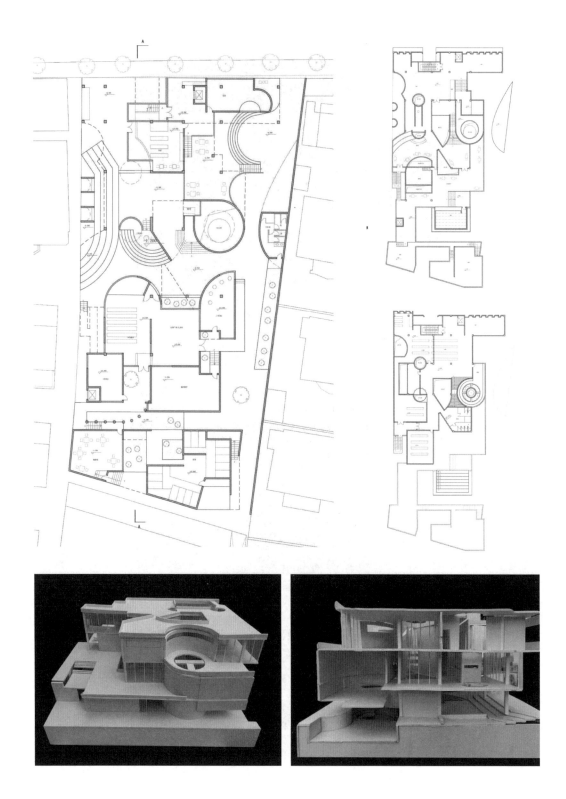

陈诺（2023）

 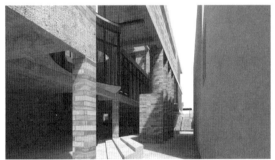

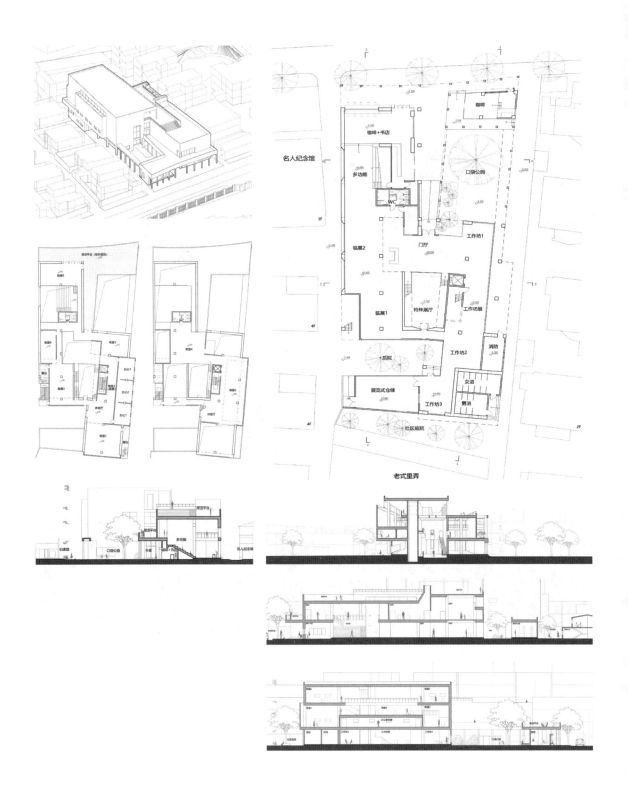

龙旖旎（2023）

题图4 斯韦勒·费恩,《大地:"房间"中提供"房间"》
(Sverre Fehn, *The Earth Provided "Room" within the "Room"*)

三年级 上学期 秋季

8 周

2019—

议题二

『屋』中屋

Room within "Room"

2

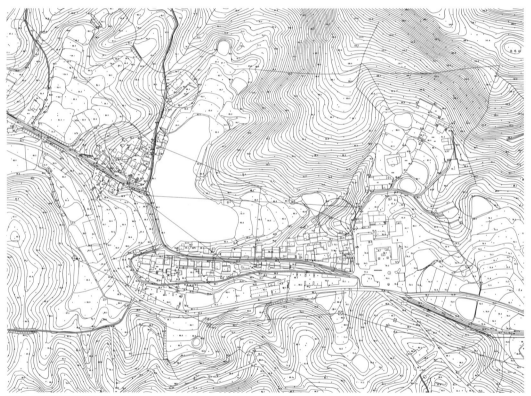

图 2-1 南京黄龙岘村地形图

　　"屋"中屋（Room within "Room"）是个关于在自然环境中如何确认自身的练习，是本科三年级上学期的第 2 个练习。"屋"中屋是费恩（Steven Fehn）在一次展览中的装置作品。自然环境是一个屋，是空间，其中的要素——地形、地质材料、植被、水系、光线等，都在划定领域，勾勒氛围。同时，自然环境是人栖居的场所，人在其中建屋，两者是"之中"（within）的关系。因而，练习选择了"领域（自然、村落与民宿，公共与私密）"和"临时的家"作为议题。

　　如何观察和理解自然环境中的领域界定，以及与建筑之间的关联，成为练习要着重讨论的基本问题。选择"临时的家"作为议题则是基于现实社会状况。设计训练不仅需要应对建筑的基本问题，同时要回应当下所面临的议题。当下，乡村建设的一个重要路径就是希望借助多种产业的介入来改变传统乡村以农业为主的产业模式，以便激活乡村活力。发展乡村旅游和民宿是其中重要的路径和支柱。人为什么来乡村，这种居住与居家的差异在哪里？鉴于此，"临时的家"成为本练习的第 2 个议题。

　　设计基地选在了南京黄龙岘村，要求学生在村落结构中的 3 个空间节点中任选一处设计民宿。场地一处位于村落入口附近，毗邻村落公共服务中心；一处在村落结构中段的高地上；一处在村落与自然环境的边界上，位于村民出村进行农耕的小道末端。任务书只是明确了设计基地的大致区域，并没有圈定红线范围。由学生在相地过程中，自行决定具体的场地位置（图 2-1，图 2-2）。

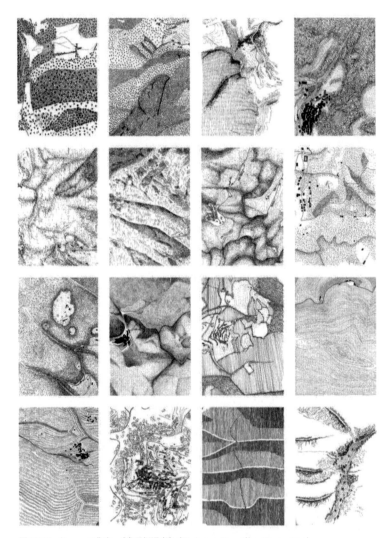

图 2-2 Studioser 工作室,《发现相遇者》(Stuioser, *Revealing Encounters*)

1. 讨论的核心问题

1）相地

2）不同村落空间节点特征，及其人行为的组织方式和特征

3）自然环境中的领域界定，及其与建筑的关联性

4）家的定义，临时的家与家的差异性

2. 强化

1）对尺度的现场体验，包括室外空间、内部空间、材料尺寸

2）对行为、空间形制与地域性的认知

3）对材料、建造与地方性的认知

3. 设计任务书（1200 m^2）

1）客房（6 间 40～50 m^2，2 间 70～80 m^2，特殊客房 2 间）

2）餐厅 120 m^2

3）厨房 60 m^2

4）布草间 40 m^2

5）公共起居室 $\geqslant$ 80 m^2

6）公共卫生间 10 m^2

7）办公室 20 m^2

8）自定义功能 $\leqslant$ 180 m^2

4. 专题练习（2 周）

1）临时的家的定义

2）模型：角落的家，家的角落

题图5 卡耶塔诺·费兰德斯，《灰人系列》
（Cayetano Ferrandez, *The Gray Man Series*）

领　域
Territory

领域，是指特定的区域和范围，包括疆土或是专业。"领"含有"统领、引导、治理"之义，"域"含有"疆域、范围"之义。[1] 英文 territory[2] 的词源可能来自拉丁语 territorium ，词首"terra"的意思是"土地"，词根"orium"含有场所的含义。可见，领域的基本特征在于：①具有明确的所有权；②具有特定的属性；③具有明确的范围界定。

领域是"空间"
　　是占据
　　是范围的确认

领域的确立
　　划定边界
　　明确归属
　　蕴含特性
　　暗示之外、"他者"的存在

领域的构成
　　由物质要素限定之外，
　　还存在于
　　光线之中
　　气味之中
　　声音之中
　　意识之中

1.《说文》中"领，项也"。《礼记·仲尼燕居》中"领恶而全好者欤"，领是治理之义。清·袁枚《续诗品》"识以领之，方能中鹄"，这是有引导之义。《说文》中"域，邦也"，这里是域的本义，意指疆域。《韩非子》"是管仲亦在所去之域矣"，域是范围的意思。

2. 来自韦氏词典 (Merriam-Webster)
1) a. a geographic area belonging to or under the jurisdiction of a governmental authority; b. an administrative subdivision of a country; c. a part of the U.S. not included within any state but organized with a separate legislature; d. a geographic area (such as a colonial possession) dependent on an external government but having some degree of autonomy.
2) a. an indeterminate geographic area; b. a field of knowledge or interest.
3) a. an assigned area, especially : one in which a sales representative or distributor operates; b. an area often including a nesting or denning site and a variable foraging range that is occupied and defended by an animal or group of animals.

图2-3 街头@王雨林

领域由边界和场域构成，边界用以确认范围界线，边界包裹的场域构筑了领域的内部姿态，两者共同作用确立了领域特性。同时，边界具有"两面性"，它决定了领域与外部的关系，向内它构筑了领域的部分特性（图 2-3—图 2-5）。

图 2-4 拉菲尔·莫内欧，洛格罗尼奥市政厅（Rafael Moeno, Logroño Town Hall）

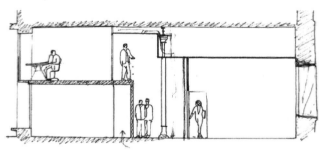

图 2-5 Bonell i Gil 事务所，营房改建项目（Bonell i Gil Arquitecte, Remodeling of the Former Jaume I Barracks for the Pompeu Fabra University）

领域的认知与人的行为、感知和意识密切相关。空间的范围、人行为的区域、人感知的距离、光线、构件等，都可以分别建构不同的领域。不同要素构筑的不同领域，它们之间的重叠、交叉，或是分离构成了空间和空间关系的复杂性和模糊性。（图 2-6—图 2-7）

图 2-6 埃里克·布吕格曼，复活教堂
（Erick Bryggman, Resurrection Chapel）

图2-7 阿尔多·凡·艾克，罗马天主教堂
（Aldo van Eyck, Roman Catholic Church）

题图 6 迈克尔·海策，《城市》（Michael Heizer, *City*）

框架中的关系 | 关系中的框架 [1]
Relation within Frame | Framework within Relation

　　"维斯马拉的特拉格拉别墅（Casa di Tragara in Vismara）充满着一种激情——与岩石抗争，同时又依附于它。通过这种方式，整个卡普里岛都成了房子的场地。房子不再像是一个白盒子放在了一个适宜的地面上，而像是融于海岛的一栋建筑。它如同植物生长一般，长在岩石上，长在海岛上……实际上，它创造了景观。" [2][1] [2]127

　　地形（topography）与栖居（dwelling）的关系一直是建筑学、景观和文化地理学共同的话题。学者们多是从"空间—时间—存在"的角度去解读人与自然的关系，[3][3-5] 并在理论层面取得了丰硕的成果。本部分将更多地从操作层面探讨构筑两者关系的方法。它将以在场人的体验来审视地形和承载人行为的空间。因而，研究将以地形提供"栖居"的基本框架为切入点，解读地形的内涵并阐明认知上的转变；进而从栖居（定居和营建）可操作性的要素——痕迹、路径、姿态、材料、尺度、景框出发，确立构建两者关系的方法，并在两者关系研究中重新审视地形提供的框架。其目的，一方面是探求地形对定居和营建的意义，将居所锚固在场所之中；另一方面，通过定居和营建投射关于自身的认知和"观看"另外一个世界的方式，通过营建我与他者的关系来构建自我和他者。

---

1. 原文载于：建筑学报，2024(1): 81-87. 文字稍作修改，并增加了注释和图片。

2. 原 文 为 "It is kind of passion with which one struggled against this rock, on the other hand to cling to it, and then having done this...to incorporate the entire site of Capri into construction. Thus, the house is no longer the square box classically set atop the foundation of a welcoming surface. It is like an efflorescence of architecture on the side of the island. An emanation of rock, an emanation of the island, a plantlike phenomenon...Instead he has created it." 翻译参照了文献 [2]。

3. 栖居在海德格尔看来是"诗意"地定居与营建。地形是承载人活动和栖居的"基面"，它强调地貌、地物和人在其中的书写，涉及了历史、文化和人行为的痕迹，因而它具有体验、记忆和时间的意义（详见文献 [3]）。
　　景观学因其与自然环境密切关联，因而一直与地理学（Geography）相互缠绕、相互影响。地理学是以自然地理学和人文地理学为主，以自然环境、区域、地方、空间、景致为研究主题，其中文化地理学是在"空间—社会—自然环境"中构筑自身的认知对象。

1 地形的基本框架、及其与栖居的关系指向

尽管地形，从定义和基本内涵上层叠了人的行为和文化、历史、记忆的意识，是原始意识的载体，但从人的感知角度出发，它最基本的内容是场域（field）和景致（view)，它们为栖居提供了框架和"基面"。

1.1 场域

场域（Field)[4] 涉及人在自然中如何感知周边，并在其中确立领域范围和自身的位置。它是双向映射，是客观的世界与人内心的想象之间的相互关照，并以此来共同构成了人栖居的场所和空间的框架，成为建立人与场地关系的媒介。

1) 领域：起伏体量 vs. 水平延展

人在自然中栖居，确认自身领域范围是其基本生存意识。在原始社会，人立杆子确立自己的领域，进而圈地。这是先确立 "中心"，进而通过边界来确立领域范围。人进入自然场地，从所处位置去感知场域所提供给人栖居的框架，其中首要的是地貌特征决定的领域范围和边界位置。

地貌存在着两种基本特性，一是地表起伏所形成的体积感，二是地表的水平延展性。在地表起伏的地貌中，地势形成的体积是领域感知的第一层级要素，它界定了"这与那、近与远、内与外"。此时，地表依附物是领域感知的次级要素。在水平延展性的地貌中，地势形成的边界在消解，无限延伸和广袤是其基本特征。此时领域的存在就需要依赖地表依附物或是意识中的地图来确认领域范围。对地表"材料"和植物的感知是最密切的体验——土地的坚实、岩石的粗粝、赤黄沙土的柔软和炙热、水面的平静或是汹涌、树木的广袤及其在水平地貌中呈现的垂直性，等等。在带给人们强烈的体验之外，"材料"替代了地势，不同材料体验之间的转换就会成为领域的边界，界定这与那，它成为水平地貌的感知核心内容。

领域确定的 "边界"意识，不仅存在于人对边界位置具象的视觉感知，还存在于意识中的领域"地图"，就像皇帝坐在雍和宫里对"坐拥天下"的想象，这是对领域范围的抽象想象。这种意识地图不仅是疆域

4. Field 从英文词源上与希腊语中 "platus" 同源，基本语义是开阔的、平的场地。在韦伯词典中，与场地相关的衍生含义涉及了3个基本特征：①具有明确领域特征的区域；②它可以整合各个离散部分，是集合了自然和人造物的开放性场地；③是激发人行为的动因。
在 Merriam-Webber 词典中，Field 的含义包括：
① a: an open land area free of woods and buildings
b: an area of land marked by the presence of particular objects or features
② a complex of forces that serve as causative agents in human behavior
③ a space on which something is drawn or projected
④ a region or space in which a given effect
场域是一个空间的矩阵，它具有的整合性和开放性为人栖居和其他活动提供了契机。

版图，还有长期形成的生活领域地图。生活能力触及的范围，其构筑的领域边界是原始人最早的领域意识。

另外，在地貌形成的领域意识中还存在方位意识。尼泊尔加德满都谷地寺庙位于东南西北四个方位的山巅上，以守护谷地的平安和对抗自然的未知。[6] 寺庙与山巅成为一体，共同构筑了领域边界的存在。在谷地栖居的聚落，其领域感知存在着感知边界（群山）和想象边界（神圣领域的位置界定）（图2-8）。在传统民居的栖居生活中，方位与生活中心的布局、居住者的身份相关。以苗族传统民居为例，一般是以火塘间为生活核心。在苗族的意识中有"面东而尊与老人长辈为尊"，因而火塘间一般布置在民宅的西侧，"火塘间靠山墙一侧中柱下半径1.5 m范围为 hangd ghot，即家先位的核心区域……此方位专属老人和长辈，年轻人甚至母辈都不能坐。火塘北侧为尊贵客人座位，南面为一般客人座位，近中堂方向是主人家座位及其活动区域"[7]91。

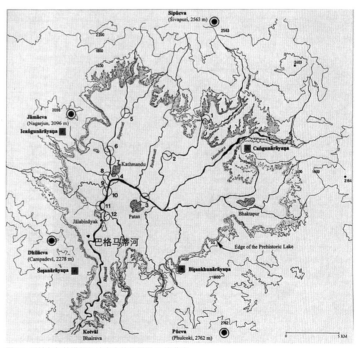

图 2-8 尼泊尔加德满都谷地寺庙的位置图 @ 诸葛净

2) 位置：神圣 vs. 世俗

在场域中确认自身的位置是存在的第二要件。

位置上首要的是对神圣与世俗的划分。山之巅是神圣的领域，它是通往天空的通道，这在很多民族文化意识中都存在，因而尼泊尔的寺庙、藏区赞普的宗堡、希腊的神庙会建在山之巅，而谷地或是山坡是世俗的领域，是日常生活的居所。即便在城区，印度寺庙也会建在 5 米高的高台上以俯瞰市民的日常生活。[5] 这是通过位置上的高低来区分神圣与世俗。同时登顶的路径也会被认为是求索的过程。路径体验与位置共同构成场域的体验。

神圣与世俗在水平领域中的划分，一方面利用树木来强化它的存在。例如在乡村土地庙旁边用一圈柏树环绕它，使之从周边环境中分离出来；另一方面，在中国和日本，水的那边是另外一个世界，是桃花源，是极乐世界。日本的平等院凤凰堂就是放置水的另外一侧，两侧岸边不同的处理方式加重了两个世界的差异（图 2-9）；在中国画中，彼岸"桃花源"是需要渡船来"渡"的（图 2-10）。可见，面对同样的意图，日本意识中是远观，强调存在；在中国意识中，是"渡"，强调行动。

当下，在生活扁平化的时代，大众对于位置的争夺取代了以往具有等级秩序的环境意识。在秩序消解之后，山巅一方面从神圣的身份转化为被日常公共生活所使用；另一方面成为经济和社会地位角力的战场，而水的彼岸则成为现实居所。在这个转向的过程中，人对场域的想象在消解，自然神秘的力量被日常所磨平。在"规训"的日常生活中，场域等级秩序的消解使得人们更聚焦对身体周边具体的场地感知，在自然中寻找独处、孤寂的处所，而不是寄托于神圣场域。

3) 姿态：原始 vs. 驯化

自然的原始与驯化，这两种姿态也是构成场域感知的基本内容。驯化不仅是指自然场景被人加工过的姿态，同时也包含在自然中开辟出人为的场地。原始与驯化两种姿态暗含着一个基本对立：原始（自在、自由形）与人工（规范、几何形）。

罗伯特·史密森 (Robert Smithson) 一直寻求的是这两者之间的张力。在犹他州大盐湖的螺旋形防波堤项目中 (Spiral Jetty, 1970)，人经过废弃的采油矿，沿山坡往下走就看见了用泥土、玄武岩和沉积的盐结晶构筑的、长约 460 m、宽 4.6 m 的逆时针螺旋状的堤坝。它像

5. "伍重（Jorn Utzon）在《平台与高地》(Platforms and Plateaus) 一文中曾提及印度旧德里'贾玛清真寺'（Old Delhi Jama Masjid），它周围是纷乱的市集，而那 3～5 m 的高台将清真寺抬离市井生活，同时人在高台上又可以俯瞰这些市集场景，'……与生活还有城镇的杂乱产生了联系。在这个广场或者说台基上，你会有某种强烈的感受，遗世独立和完全的沉静'。高台将两种生活分离，塑造了'神圣'的情境，将它抬向天空，将大地留给'日常'。人从高台逐级而下，便回到了世俗和日常之中"。([9]132)

图 2-9 日本平等堂

图 2-10 马远，苇岸泊舟图

图 2-11 罗伯特·史密森，螺旋形防波堤（Robert Smithson, Spiral Jetty）

是山体的延伸，从山坡延伸到湖岸，进而延伸进湖里，随着湖水的涨落而消失或显现。废弃的采油矿和堤坝的螺旋形又时刻提醒着人的力量，使得堤坝的材料"环境"属性与人工之间形成了张力。更为特别的是，螺旋线从外向内旋转，人在行走时，从一个宏大尺度的自然，感觉逐渐走进了一个被包裹住的"世界"，逐步走向了"自我"[8]（图 2-11）。这项目不仅"并置"了自然和人造物，使之相互呈现，同时又使得我们

图 2-12 西伦，奥塔涅米教堂 (Kaija and Heikki Siren, Otaniemi Chapel)

重新审视自然和自我。同样，在西伦设计的奥塔涅米教堂（Kaija and Heikki Siren, Otaniemi Chapel）中自然原始的杂乱、粗犷与十字架简洁的力量映射了教堂身处纷杂、喧嚣世界中的"位置"，自然的姿态成为解读"我"的工具（图 2-12）。在斯德哥尔摩的森林墓园中，一处墓地被安放在平坦地形中的山坡之上，一个在高处、接近天空的位置。人沿缓坡或是踏步而上，来到由树木环绕、规整过的幽静之所——逝者之处；在另外一处，地形微微下陷，像是谷地，树木并不像山坡之地被规整成圆形，而是保留了原始自由散布的状态。进入其中，人被树木所包裹、光线透过树林点点洒下。光线与荒野的力量衬托着草地上墓碑，一种远离、被遗弃的氛围包裹着悼念者[9]130（图 2-13）。在这里，场地的姿态再次通过体验和联想成为诠释居所的夹具。

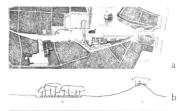

自然的原始状态与人占据、规整的领域（驯化）存在着形式、姿态、体验与意识的差异。过去，自然是种未知的力量而带给人神秘与畏惧之感，驯化之地成为人寻求安全的庇所。那时，原始之地是"神"，驯化之地是"人"，两者对立呈现。随着技术的进步，人显示出征服自然的力量之后，自然失去了深度。此时，人置身于大自然广袤的尺度之中，寻求的是自由的领地、逃避驯化社会的场地。

图 2-13 斯德哥尔摩的森林墓园 a. 局部总平图；b. 两个墓地示意性场地剖面；c,d. 场景

1.2 景致

景致是人与自然相互关照的载体，是地形与栖居之间的关联要素。景致（view）与 nature, landscape 和 scenery 三个词之间的差异在于，它不仅包含了景色的语义，没有区分真实与布景式的差异，而且它还包含"观看"的动作 [6][10]200。所以相比较而言，View 强调了人的存在，强调观看方式与景的关联性，以及人的记忆、经验和感知与客观物体的之间的相互影响。由此可见，景致更强调内省、内心的自我参照。

1) 时间性：恒久 vs. 暂时性

景致是内心的写照。景致之所以超越景色，在于它激发了人内在的感触，一种对记忆、经历、情感的寄托，而时间性是其重要的触媒。不随时间改变而呈现的恒久，与随时间变换而呈现的暂时性，两者都是其内在的动力。

远眺那过去在、现在在、将来也会在的山川，倾听那循环反复的浪声，感受着恒久存在的、沉默的力量及其巨大尺度，它们映衬出人的渺小和生死无常，这成为了景致的力量。植物、树木一年四季的变化——新芽萌发的生机、落叶飘落的孤寂，以及一天中光线的变化带给景致的不同体验，这些都呈现了景致的暂时性，但这个暂时性又是循环往复的。

材料——岩石、原木、土壤、卵石，自然的力量对其外在形式的作用，以及时间在上面沉积的痕迹，这些会成为"景致"时间性的另一来源。它脱离了人日常生活中所习惯的视觉和触觉的质感，成为自然的"替代物"、激发人对自然想象的物。

2) 两极：天空 vs. 大地

人在自然中的基本姿态是脚踩大地，头顶天空。这个垂直轴的方向性和两个极点——天空和大地是人认知世界的起点。各文化地区都有以屋中的立柱（杆）象征连接天空和大地的意识和习俗，并以此作为世界的中心。大地对于人而言是最初的庇护场所，人凿穴而居，以土坑为灶形成生活中心。继而筑台架屋而居，开始追寻脱离地面向上，以接近天空为企图，而地下则成为隐秘的世界、亡者的世界。这构成了空间意识在垂直轴两个极点之间的转向。20 世纪初，随着框架结构的拓展和流动空间的出现，空间水平方向的延展及其与自然（周边）环境的视觉关

6. 段义孚在《恋地情结》中曾提出，landscape 词义的源头更指向真实的世界，而 scenery(scene) 原意是舞台。在 Merriam-Webber 词典，View 的含义是：
1 extent or range of vision
2 the act of seeing or examining: a mode or manner of looking at or regarding something
b: an opinion or judgment colored by the feeling or bias of its holder
3 scene, prospect

联获得了极大的释放。消解墙体、消解转角、消解空间的封闭包裹感成为那个时期的主题。空间意识从垂直轴转向水平性，从空间的"内省"转向了空间的"外化"。

在经过空间水平向发展之后，当下空间的一个特征，呈现出从外部社会脱离、重塑自我的转向趋势，人们再次关注空间的内向意识。这个内向的空间意识是指空间对外相对封闭，却向大地和天空"敞开"的特征。在操作层面，一方面体现在重新挖掘"穴"的空间意义及其体验。它通过强调地面高差的变化来强化了人对地表的感知，同时利用土层的厚度和体积展现大地的包裹感和"暗"的空间特性，以此试图重新建立身体与土地更密切的体验关联，并将日常生活再次带入地下空间；另一方面，内向的空间意识，也出现向上延伸，与天空建立更密切联系的企图。天空作为"景致"，成为冥想、静谧场所的"对象"。换句话，是天空和光一起成为"景致"，它们一同塑造内省的空间特征。这似乎契合了《空间诗学》中关于家中地窖和阁楼的意识描述。巴埃萨曾将此意图转化为空间剖面分层的意向。他以起居生活为中介，向上设为静谧空间，向天空开敞；向下为私密卧室空间，"切进"地面（图2-14）。

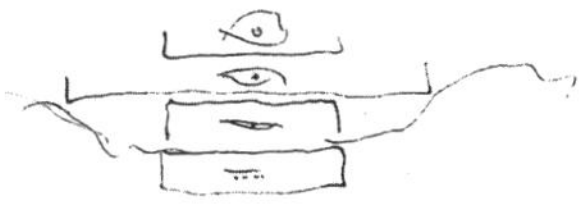

图 2-14 巴埃萨 VT 住宅示意图 (Alberto Campo Baeza, VT House)

3) 景色与观看：全景式远眺 vs. 截取式近观

自然构成的景色通过两种观看方式转化为景致——全景式远眺和截取式近观。全景式远眺暗示着自然具有超越人尺度这一重要特征，它决定了远眺这个观看形式。截取式近观，它无关物的尺度，在意的是近观所形成的凝视，对物的意义的揭示。它是被凝视这一行为所支配的选择。

从身体角度来看，两者的差异在于是将身体外放于天地间，还是让身体与一小天地建立联系，一种类似身处画外还是"遨游"画中的差异。在全景式远眺中，景色更像是个扁平化空间，层层叠叠的堆积。它触动人更多的是其巨大尺度与身体尺度的强烈对比，广袤的地域具有的神秘感所激发人向往、想象及其探索的欲望。对身体而言，全景式景色更像是远离身体的另外一个世界。截取式近观，景色的前后景深、光影的变化、肌理的细节都呈现在眼前，是一种"生机"的表现，它凸显了"物"的存在。在中国园林中，近景"物"的选取首要的是对物的意义的斟酌，尤其对于文人而言，寄情于物是其造园、寄身于一方天地的情趣和志向的表达。这种近观，更类似物是属于自己的感知，成为自身的外化。

2 构建地形与栖居关系的方法、及其对框架的诠释

在人、空间和地形的关系建立中，需要以身体的感知去解读场域特征、构建景致的投射，并通过具体的操作诠释栖居的意义。

2.1 唤醒记忆：痕迹的挖掘

唤醒记忆是建立关系的最起始步骤。地形所蕴含的经验和记忆是个人或是地方性的。在我们看来是一片寂静、清晨的乡村场景，对于波兰人而言，此地是第二次世界大战期间入狱者被焚后丢弃骨灰之湖（图2-15）。而这一切需要历史的研究，尽管不见得每个场地中都能被挖掘出线索，但它确是必要的步骤，是建立关系的内在基础。

在这个过程中，需要仔细分辨的是，它是地方的集体记忆还是个人的记忆，栖居是公共行为还是个人的居所，两者需要相互匹配，否则就可能会出现个人（设计者）的经验带入到公共场所而无法激发集体的记忆。同时地形的记忆，不仅来自事件。对于大多数场地，它们记录的是日常劳作，包含了人劳作的痕迹、事物运转的轨迹以及物的呈现方式。犬吠工作室在《空间的回响 回响的空间》一书中，提及梯田不仅是物的呈现方式，同时还暗含地形和人的生产形态，暗含了灌溉系统的形态，即是物的运作系统。

"呈现"记忆的方式，是当作展品还原场景、还是介入当下的生活以再现的方式回归？这两条路径，在不同时代和情景下被多次讨论和分析过。在贝尔纳·拉絮斯（Bernard Lassus）设计的拉维莱特计划中（La Villette）的"无底井"，试图通过向井中投石子却听不到回声这种深度消失的体验来激发人对场所历史情景的想象，它是以异质性感知去再现场地特征（图2-16）。川俣正（Tadashi Kawamata）在荷兰阿克马城设计的工程计划（Working Process），在荷兰围海造田的历史背景下，将一条架高的木质步行道从治疗勒戒（毒品、酒精、赌博等）的医院向外延伸，延伸到荷兰典型的围海造田地景之中，它将场地的重生特性与医院拯救生命的场所结合在一起，以期唤起认同。它建立的是地形特征与栖居的意义连接（图2-17）。这两个项目都是以"再现"的方式来回溯历史，通过异质性、激发想象与历史保持着"距离"。

图 2-15 莫佛肯, 波兰 KZ2- 比克瑙集中营 (Santu Mofokeng, KZ2-Birkenau)

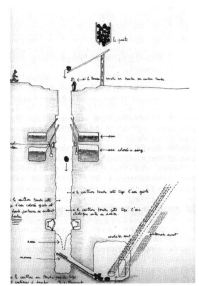

图 2-16 拉絮斯, 无底井 (Bernard Lassus, Bottomless Well)

图 2-17 川俣正, 工作进程 (Tadashi Kawamata, Working Process)

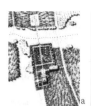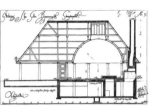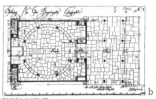

图 2-18 阿斯普朗德，森林礼拜堂 a. 总平图；b. 剖面图、平面图；c. 场景 (Asplund, Woodland Champel)

2.2 触摸场地：路径的组织

对地形的感知，视觉是第一要素。但进入场地之后，脚踩大地，对周边自然的景致、气味和声音的捕捉也在同步进行，这些都与路径相关。因而，在路径上对场域和景致的感知，它们与栖居的关系是基本问题。

阿斯普朗德（Asprund）在森林墓地项目中设计的森林礼拜堂（Woodland Champel），是通过穿过林地路径的幽深昏暗去衬托它的存在——礼拜堂入口外廊白色的顶面反射着阳光，照亮了入口，屋顶上金色小雕塑在阳光下熠熠闪光，它们在树林深暗背景中凸显了礼拜堂的存在。同时，路径中自然的自由呈现，与礼拜堂室内以几何完型和天光塑造的"神性"形成对比，两者对立且相互映衬（图 2-18）。对于马丁科雷亚（Martin Correa）和加贝尔·瓜尔达（Gabriel Guarda）而言，通向山上圣三一本笃会修道院教堂的路径是呈现圣经教义的契机。人沿着坡道缓缓弯折向上，场地北侧的拉斯·贡得斯山谷（Las Condes）和远山逐渐展现在眼前。走在荒芜的、拉长的路径上，周围地景逐渐展开，信徒因此融入自然场域中，脱离了世俗世界。纯白、简洁的形体与周围多变的群山环境之间形成了强烈的对比，强调了它的"独处"。孤独地行走和独处契合了教义，"重现"了马太福音曾提及的耶稣求索的经历[11]（图 2-19）。可见，场地的选择、路径上的体验、建筑与自然环境的对比，这些将建筑锚固在场域之中。

图 2-19 科雷亚，瓜尔达，智利圣三一本笃会修道院教堂 a. 教堂路径草图；b. 教堂 （Martin Correa, Gabriel Guarda, Benedictine Monastery Holy Trinity of Las Condes）

2.3 重塑地景：基本姿态的确立

重塑地景，一方面是指在自然中构筑任何事物，都在重塑原始的地形；另一方面，正如康斯坦丁尼迪斯（Aris Konstantinidis）曾将建筑定义为"地理的"——每个建筑都作为一个自明的自然元素生长在特殊的场地中，它关注如何将建筑或是其他构筑物成为自然的一部分，如同柯布的草图所示（图 2-20）。

重塑的操作策略，从西扎（Siza）的餐厅（Boa Nova Restaurant）（图 2-21）或柯布提及的特拉格拉别墅（Casa di Tragara in Vismara）来看，是一种从尺度和材料都试图削弱与自然的对峙，以期达到两者相互交融的方式。它们先是通过尺度和剖面策略的调节，让建筑形成匍匐在地形之上的姿态；再选用地方或自然材料作为建造材料，如石材和木材，以便与自然形成天然的关联，这使得材料的时间性与场地的恒久性相互映衬；进而通过内部框取景色来建立内外关系，以达成建筑师所想象的——建筑是从大地生长出来的意图。这似乎与斯维勒·费恩（Sverre Fehn）的项目有类似之处。

图 2-20 柯布，草图

图 2-21 西扎，波诺瓦餐厅（Alvaro Siza, Boa Nova Restaurant）

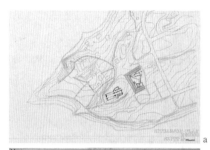

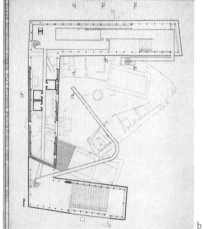

图 2-22 费恩，海德马克博物馆　a. 总平面图；b. 平面图；c-g. 场景（Sverre Fehn, Hedmark Museum）

费恩提出"地平线"（Horizon）的概念来诠释他对建筑与自然两者关系的认知。[12] 费恩曾将其设计的海德马克博物馆[7]（Hedmark Museum, Hamar）描述为"地平线的回归"（the return of horizon）。地平线，天地的界线，它以地面为其基本表征，具有水平延展的特性，暗含了边界和领域的含义。费恩在项目中用建筑去强化，或是唤醒人们对地平线的感知，以此来建立栖居与自然的关系。

这种唤醒或是强化，首先体现在强化人对地表的关注。费恩将地貌、材料和历史遗迹（人的行为、时间、记忆）整合作为地表。特别是历史遗迹，它匍匐在地面，游走于场地和建筑之间，增强了场地和空间之间的张力，破除了内外领域、自然与建筑的边界，"标识"了人们已经习以为常，被日常体验所忽视的地表的存在，从而确立了地表的"位置"。同时，人与地表的关系，很多时候是人身在高处俯瞰地表的姿态，这种全局性的俯瞰，强化了对地表全貌及其延展性的感知。

其次，体现在他对地平线水平延展性的诠释。建筑中最为醒目的是串联场地（露天遗址）与室内空间的坡道。坡道蜿蜒在大地之上、从大地拉伸进建筑内部，同时又像从室内回归于大地（return to the horizon）。这强化了地形的水平性，使得空间的水平性体验与大地的水平延展连贯起来，强化了水平移动的感知。坡道在高度上的变化也架构了人在不同高度上审视地表的姿态，地表的肌理（土地、遗迹）得以"近观局部"和"俯瞰全局"两种姿态与人的身体建立关联。而且建筑外挂的长长的平台和楼梯、内院中建筑玻璃的反射也都在呼应、镜像和延展了地表的水平性。

最后，费恩通过中心庭院向东侧开敞，人站在山丘之上眺望远处，远眺那天地的交接线，回归到了无尽的、但又是有边界的领域感知——地平线（the return of horizon），以此最终完成了对地平线的诠释（图2-22）。

柯布也提出过地平线的概念，他在强调地平线的同时，也强调了建筑的垂直性（图2-23），这与费恩对地平线诠释并不一样。但问题是，当建筑体量的变大时，自然的连续性也会被阻断。在他的马赛公寓中可以看到柯布将关注重心转移到建筑落地的方式和屋顶上。公共生活在建筑底层的连续，使得底层具有开放性，从而达到了地面的连续性。而屋顶被作为地平线来理解，在屋顶再次构筑栖居的"体积"空间，屋顶成为人活动的"地平线"（图2-24）。

7. 海德马克博物馆（Hedmark Museum, Hamar）是个遗址博物馆。在中世纪时，Hamar 城由原来的原住民聚落发展成为繁华的港口城市，并建有大教堂。后因瑞典入侵被毁，教堂被毁。1967 年费恩开始设计，1973 年项目建造完成。项目的基地原为中世纪教堂的生活区遗址，位于一山丘之上，基地上还残留着教堂生活区防御性很强的墙体遗迹。在 18 世纪中叶被农夫改建成农舍和牛棚。博物馆项目以 U 形布局环绕中间露天的中世纪遗址，中间庭院向东侧敞开。北侧的建筑原为牛棚，西侧（中间段）原为农舍。

图 2-23 柯布，草图

图 2-24 柯布，马赛公寓

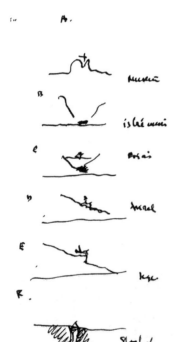

a 费恩，草图

b 抽象简图

图 2-25 水平地形中的关系

2.4 显现大地：剖面关系

大地在费恩的黑德马克博物馆中是通过强化地形的水平延展性而得以呈现。大地的显现也存在于建筑与地形的剖面关系中。费恩曾用多幅草图描述过建筑与地形的关系。其中，图 2-25a 大地被描绘成一条水平线，它在讨论人、物、太阳、云，永恒与游牧之外，还暗示了栖居空间与地平线的位置关系。这种位置关系的抽象简图可以分为：地下掘穴、半地下架棚、筑台建屋和架空鸟居（图 2-25b）。

地下空间从日常到仪式性，再到生活的回归。地下掘穴，地下的空间以黑暗为底色，对土层厚度的表达、对有限光线的捕捉是栖居塑造的动力；半地下架棚，地下与地上的并置成为这个位置栖居的基本特征。此时，人以低平的视角来审视周边，地表姿态、地表上的植物都迫近到眼前。同时，人不同的行为可在地表之下，亦可在地面之上，两种体验的交替可以成为对栖居和生活形态的思考源泉和抉择的动因；筑台建屋是以台基为基本姿态，台基形成第二条地平线，它将屋抬起，与地表相脱离，确立了人与屋的领域；而架空则是以脱离地表为基本姿势，此时架空的空间结构成为体验的重要内容。向上行走，脱离地面，走向天空，人在空中远眺，这些成为架空栖居的重要体验。

费恩的另外一张关于建筑与大地的关系草图（图 2-26a），草图中的 F 依旧在强化地穴的感知，它作为"基底"往上衍生了其他图示。E 和 D 在描绘人在山地上因为建造方式不同（顺坡建造与构筑水平台基）而形成了两种姿态体验山地；从 C 到 A 强调在谷底、山坡中和山顶三个位置的差异。尤为特殊的是，他在描绘山地时，从 E 往上到 B 都用水平线强调地形斜向的存在。

将坡地地形与栖居关系抽象成简图（图 2-26b），与水平地形的简图相比较，可以看出它的特殊性在于：①地下空间，会有从侧面进行大面积采光的机会，从而形成空间单向开敞的可能性。②半地下的情势因为坡地地形会形成前后两个断面与土地关系的差异性。坡前，人站在地上远眺。坡后，地形从后侧涌入，形成人在地下封闭的感知。③坡地筑台建屋和坡地架空鸟居，与平地的差异，除了前后坡地地形与人视线关系的差异之外，屋前坡下与屋后坡上的树木，它们与空间内人视线的关系也存在不同。坡下的树，人视线关注的可能是其树干或是树冠，而坡上的树，树根是人的视觉对象，而且此时树冠更容易覆盖住屋，成为屋的"顶"。

a 费恩，草图

b 抽象简图

图 2-26 山地中的关系

2.5 框取景致：内外的关联

从柯布描述他为父母建造小屋时 (Villa Le Lac) 的选址过程和在室内如何截取室外场景，可以看出栖居从选点到内外的关联性上都是在选择所要面对的景致：全景式的瞭望，或是近似"微观"的近距离凝视。

如何建立景致与栖居的基本关系，拉菲尔·莫内欧 (Rafael Moneo) 在谈论其海边音乐厅（Kursaal Auditorium）时，曾提到观众在进入剧场之前对大海已有深刻印象了，那么在内部该如何呈现景致呢？他具体的处理方式是用磨砂玻璃模糊掉了室外大海的场景，只是在公共楼梯平台的位置开了横窗，使人在高处眺望大海，与路径上对大海的感知产生差异。在这里，他是在权衡路径体验与室内感知之间的关系之后做出的选择，是在行走和端详两个姿态下建立景致与身体的关联（图 2-27）。在留园中林泉耆硕之馆中，一侧用于招待宾客，选择面对园中的冠云峰，另一侧是家眷休息之所，则面对内院和内花园。可见，内部生活样式与外部景致的关联性也是设计的重要内容。框选景致的基本原则是依据进入路径、室内情境和生活样式决定其设计策略（图 2-28）。

无论远眺还是近观，洞口是其用于框取的工具。墙体厚度决定了景致与室内的距离，洞口上沿的向外悬挑，在外部"亮"的景致之前搭建了一处"影子"来映衬"亮"的室外景致；洞口下沿向内延伸，成为一个台子，成为展示室外景致的"展台"。洞口的窗框是切分景致的工具。它切分了一帧一帧"影像"，像是在书房里看中国画长卷，卷过一段看下一段。此时，窗框成为主动的要素去介入空间与外部的关系建立。同时，当"窗框"被作为 "物"来理解时，它的尺度也可以成为与景致对峙的力量。更为重要的是，工具可以重构景致（图 2-29）。

图 2-27 莫内欧，库尔萨尔剧场 (Rafael Mone Kursaal Auditorium)

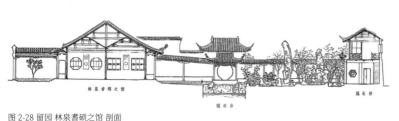

图 2-28 留园 林泉耆硕之馆 剖面

图 2-29 柯布，草图

3 结语

地形具有空间性、物质性和时间性，其包含的诸多要素构筑了栖居的框架。在当下，之所以需要再次对地形与栖居的关系进行研究，一方面在于它是塑造"在地性"，或是地域性的动力之一；另一方面，它是关于建筑本体的基本问题，是塑造内外关系和空间氛围的重要内容。更为重要的是，在当下图像化、碎片化、异质化的世界里，通过解读地形的框架和要素，借助人的感知、经验、记忆与历史和想象相互连接。地形所带来的想象和体验，成为人探求栖居的意义和生活样式的媒介。人可以依此展开行动，以求适应当下的公共和私密生活，并与当下的生活形态相互匹配，构筑当下空间的时代特征——无论是对材料的时间性、大地和天空的关注，还是从空间水平性转向垂直性，或是探究栖居的"内在世界"。它是通过重新审视自身和自然，从而得以回归对意义的追溯，以此来塑造这个世界。

两者关系的建立依赖于具体的事物，存在于对地形每个元素的捕捉、观察和体验中，存在于想象中。在地形构筑的框架中，场域（领域、位置、状态）与景致（时间性、两极、景色与观看）是建立与栖居关系的地形要素，它们是建立自然与栖居关系的最起始的、最基本的内容。我们需要将之置于文化、历史、记忆等要素之上来理解这些基本内容。只有梳理清楚这些基本内容，才会为文化和社会的投射建立基本的骨架和指向，从而避免忽视人在现场的感知和栖居行为。这是框架存在的意义。在操作层面，痕迹、路径、姿态、材料、尺度、景框是定居和营建的要素。它们通过具体的动作——唤醒记忆、触摸场地、重塑地景、显现大地和框取景致，来建立地形与栖居的关系。关系的建立成为"我"与世界的连接。

学生作业
Students' Projects

基地 1

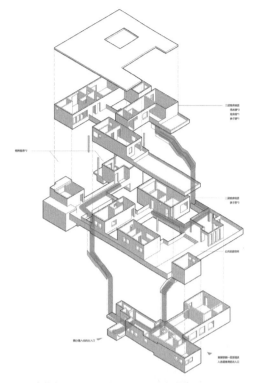

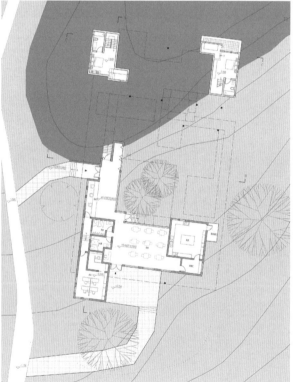

田粟（2019）

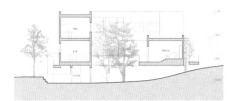
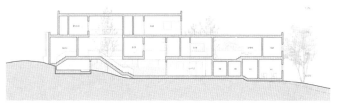

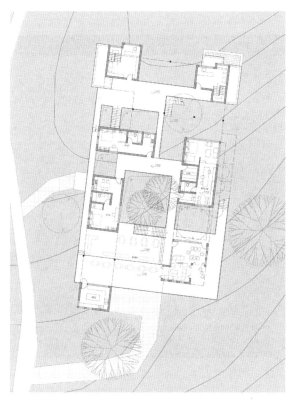
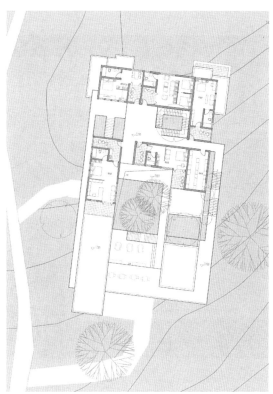

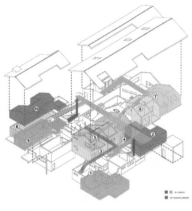

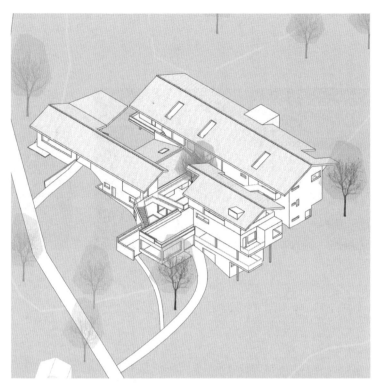

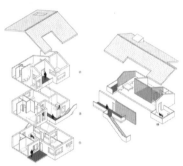

赵娇（2019）

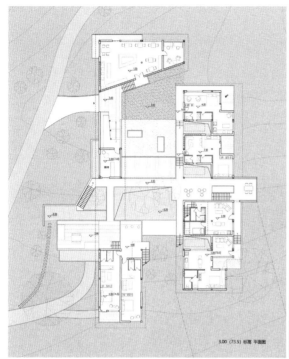

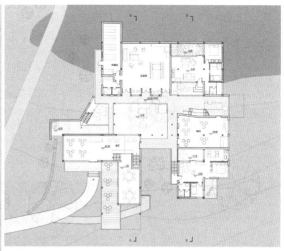

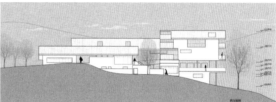

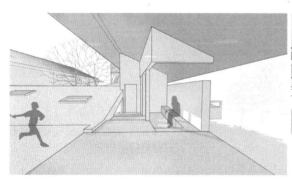

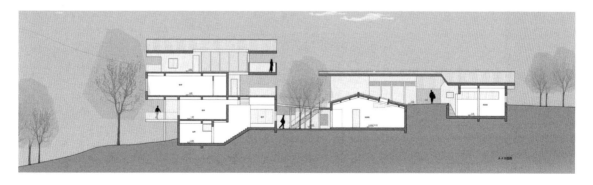

彭睿阳（2020）

彭睿阳（2020）

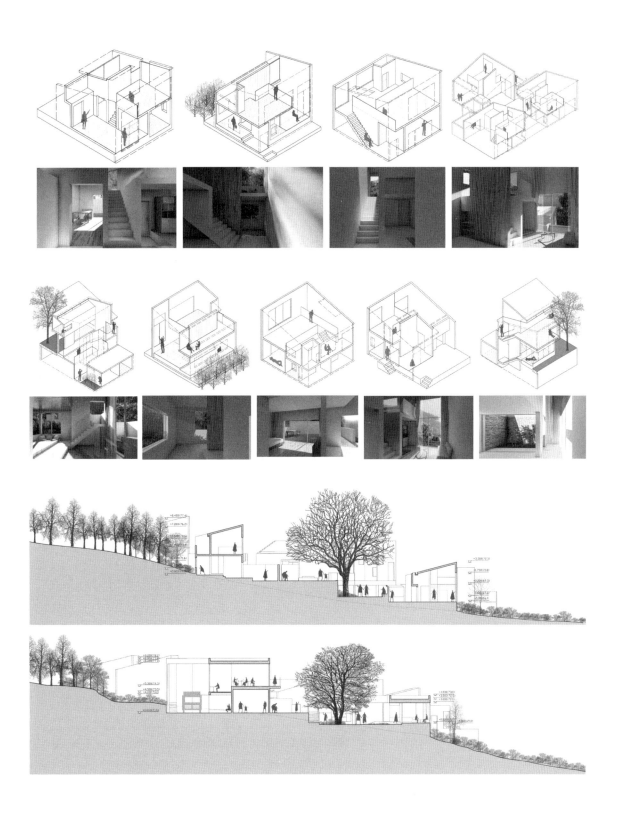

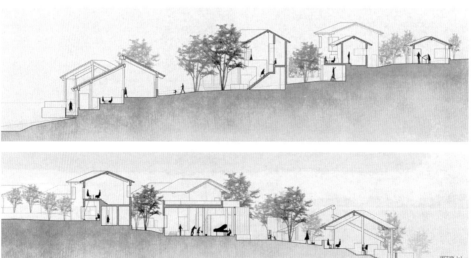

韩滨竹（2021）

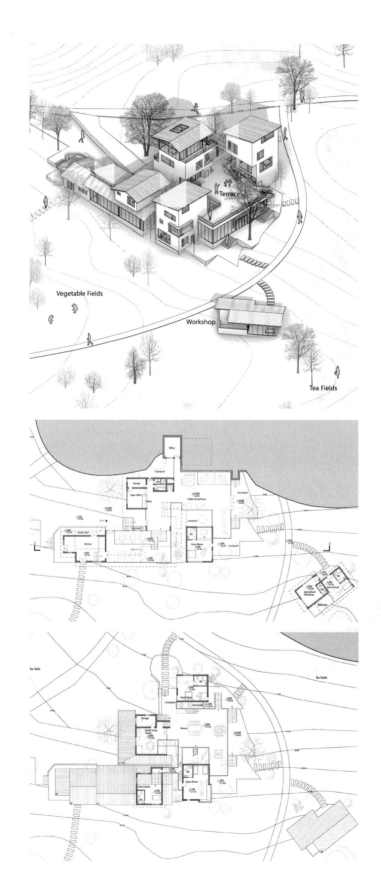

朱健威（2022）

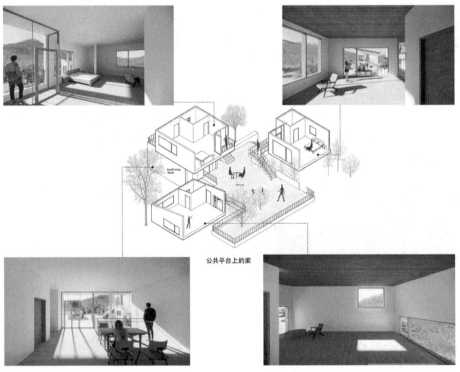

公共平台上的家

朱健威（2022）

坡顶上的家

半地下的家

坡上坡下的家

阁楼上的家

角窗边的家

高处独处的家

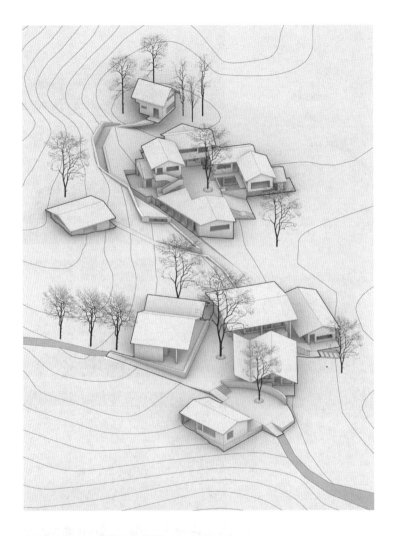

孙藤芯（2022）

 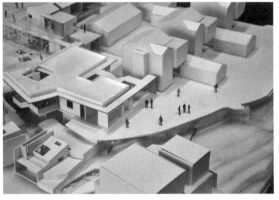

丁相文（2020）

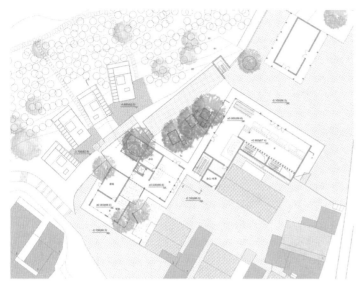
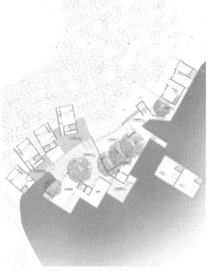

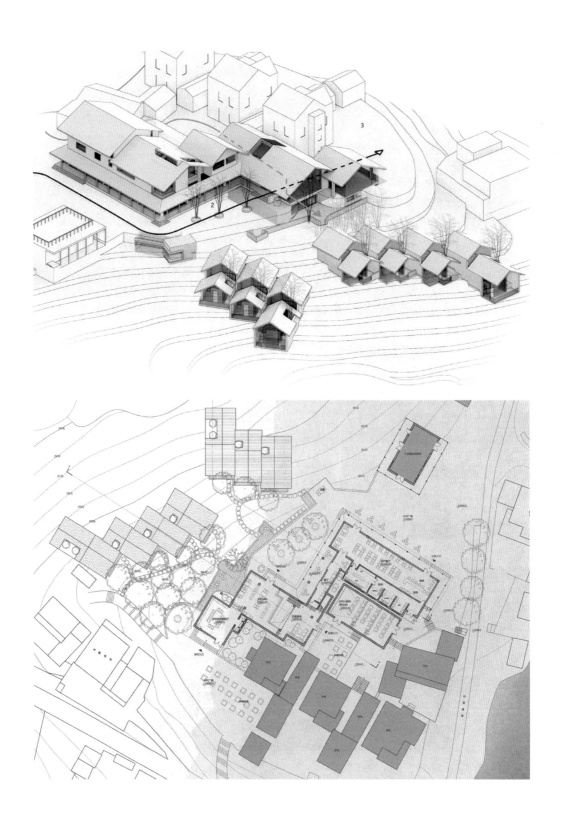

徐文睿（2021）

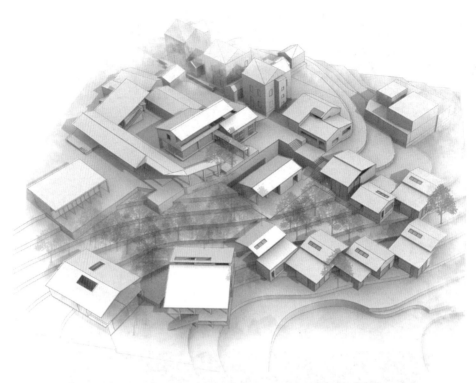

王钰露（2021）

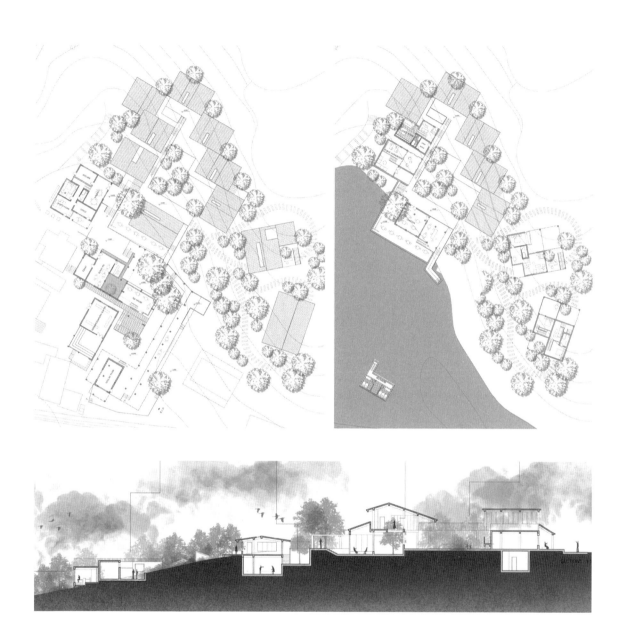

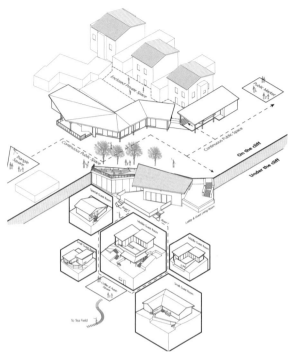

梁学天（2022）

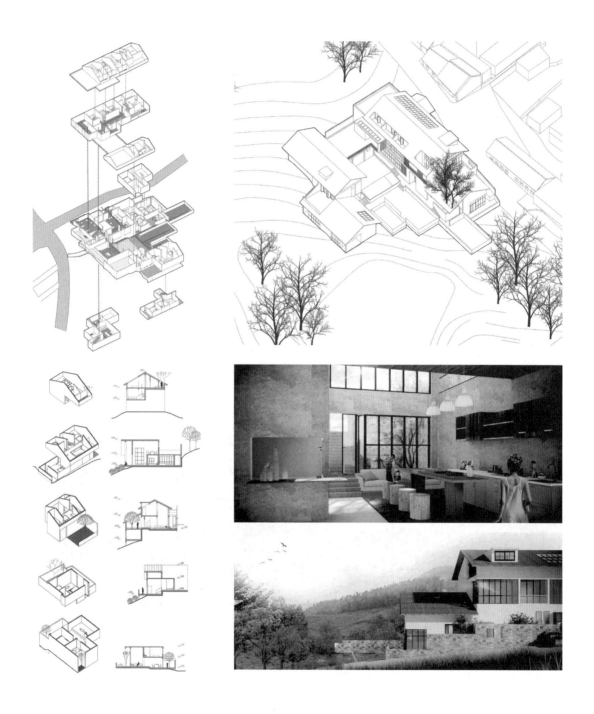

熊若璟（2020）

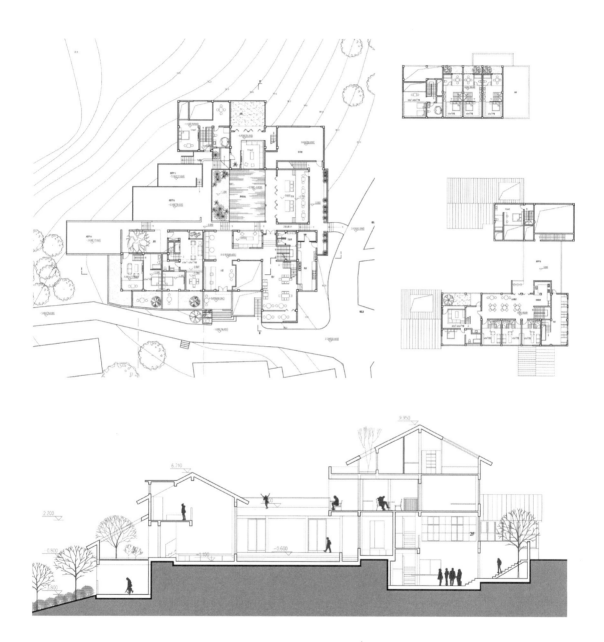

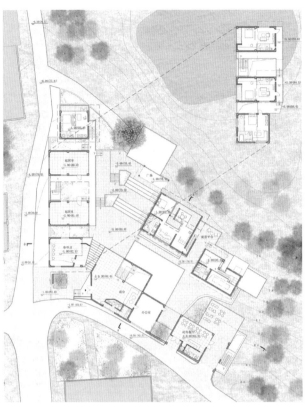

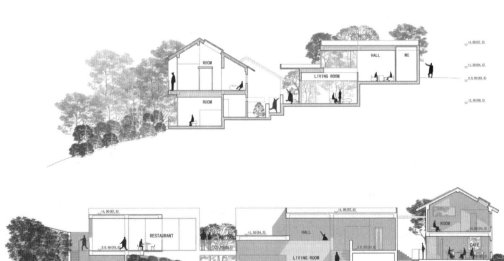

何怡迪（2020）

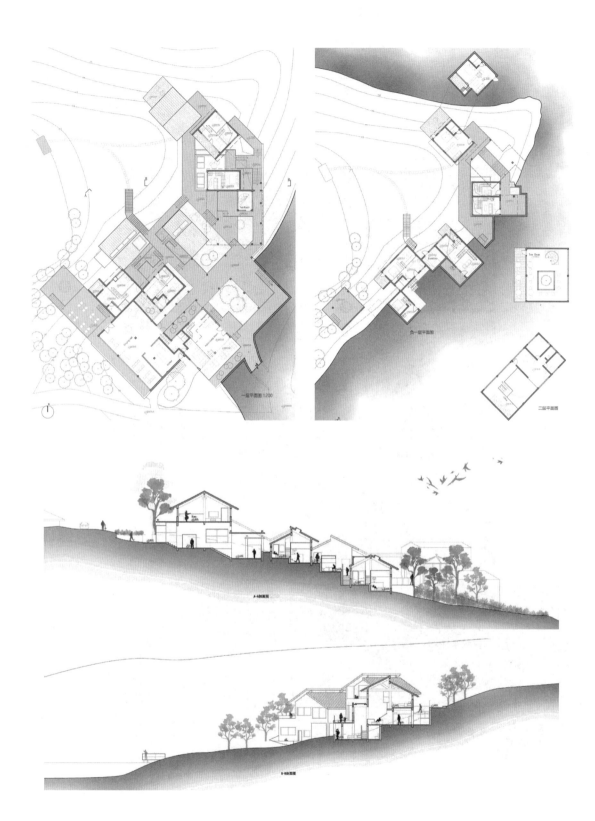

彭海媛（2021）

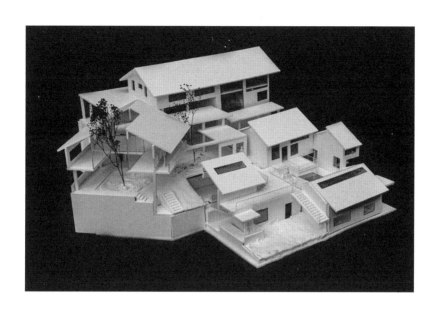

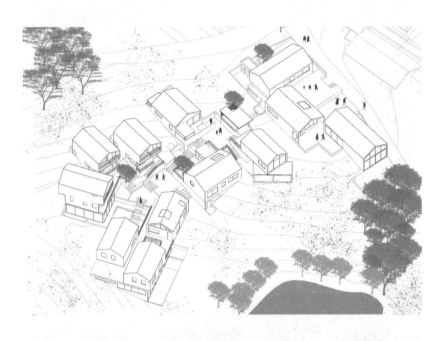

刘洋（2021）

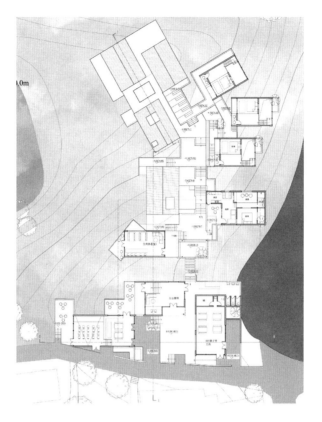

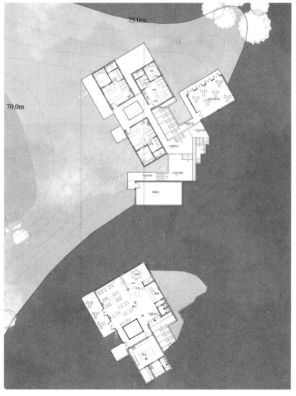

丁梅莹（2021）

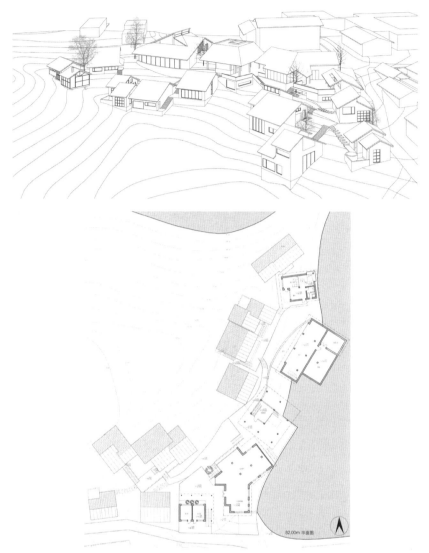

萨日娜（2022）

题图 7 塞特，《劳里·马力特住宅》（SITE, *Laurie Mallet House*）

四年级 下学期 春季

8 周

2018—

议题三

日常中的仪式性

The Rituality within the Ordinary

3

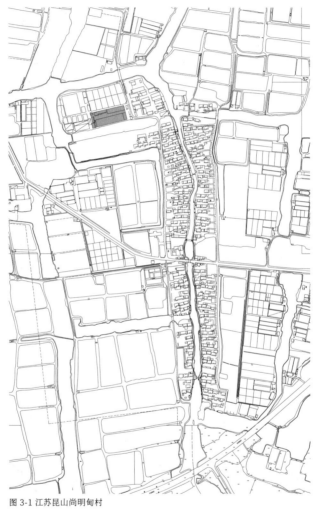

图 3-1 江苏昆山尚明甸村

设计任务
Exercise

　　"日常中的仪式性"是本科四年级下学期第 1 个练习，是关于乡村建设的。练习选择文化中心这个载体探讨"外来"介入乡村日常的话题，因而选择了"日常与异质"作为议题之一。选择"黑盒子、白盒子、声场"作为议题 2，最初缘于它是当代艺术策展人提出的功能策划，教案只是将之转化为概念层面的衍生性谈论，并将对当下表演形式、行为与空间的关联性，以及文化行为与村民日常行为之间可能存在的关联进行研究。其中，声场并不是以声学为基调的讨论。

　　在中国现代化进程中，乡村建设一直是被关注的对象，因为乡村在中国一直占据了土地面积和人口数量的主导地位，而且农业是人生存和国家立足的根本。在 20 世纪 20 年代和 30 年代就由晏阳初、梁漱溟和卢作孚开始在乡村进行实践[1]，试图通过乡村现代化来推动国家的进步。之后，从农业互助社、人民公社、联产承包责任制、家庭承包制，到承包地使用权流转的土地政策演变；从乡镇开设村办工厂、新农村建设、

---

1 晏阳初认为教育是改变乡村的根本之策，提出文艺教育救愚，生计教育救穷，卫生教育救弱，公民教育救私，以及学校教育、社会式教育、家庭式教育三种教育方式。他于 1923 年发起中华平民教育促进总会（平教会），并于 1926 年开始在河北定县策划和开展实验。他本人在 1929 年从北京搬到定县，以"农民化"来理解和建设乡村，以便村民"化农民"。他主张乡村建设和教育应以乡村生活和人为基点，知识分子需要与农村实际相结合，深入农村、向农民学习、在"农民生活中找材料"。在定县，平教会在开展普及教育之外，还改良了棉作、白菜和梨树的种植方法，引进猪种、改良鸡舍，并辅以信用、运销、购买等合作社功用，建立农村卫生保健制度并进行自治实验，同时通过讲演、故事、小说、喜剧和国画等形式宣传爱国主义教育。20 世纪 30 年代初，晏阳初的经验向全国推广，成立了定县实验县、衡山实验县、新都实验县和华西试验区。

　　梁漱溟于 1931 年在山东邹平组织了乡村建设实验。他以文化救国为理论支撑，利用乡约组织乡村系统，建立乡农学校作为政教合一的机关，同时构思了全国乡村运动大联合等方式，让经济、政治、教育相互作用实现乡村自治建设，从而实现民族的复兴。他认为新的社会组织应源于新的礼俗，需要对传统儒家思想进行改良，充分发挥乡村中的民治精神，从而开展地方自治，包括公民参与政治的权利和个人的自由权。他主张利用"社会伦理"传统，让民众意识到社会连带关系，并用伦理主义来增进关系，聚合散漫的团体组织。同时，让社会精英和知识分子参与乡村建设，从外人的角度指出问题，带来新技术和思想，帮助乡民养成新的习惯。在邹平，他从建立乡村组织（删减行政机构、建立乡约、发展乡农学校、内容配置和运作方式——政教合一）、政治建设（乡长"监督机关"、乡农学校"推动设计机关"、乡公所"行政机关"、总干事"事务领袖"、乡民会议"立法机构"）、经济建设（成立农村金融流通处"农业银行、商业银行和县金库"、开展良田实验、促进合作组织）三个方面进行了实验。（梁漱溟.乡村建设理论[M].上海：人民出版社：2011.）

　　卢作孚利用他实业家和政府官员（嘉陵江三峡防务局局长）的双重身份，于 1927 年以重庆北培为中心开展乡村建设。他认为乡村问题与城市问题是紧密相连的，同时关注重城市对乡村的带动作用。他关于乡村建设的思想也经历了从教育事业为第一要务到以经济建设为中心的转变。在北培建设中，他主要从三方面着手：一是环境的改善和建设，包括环境卫生、拓宽道路和广植树木；二是大力兴办实业，包括北川铁路公司、天府煤炭公司、三峡染织厂、小型水电站、农村银行、消费合作社等，注重技术改良和成本低、见效快的项目；三是创办文化和社会公共事业，包括地方医院、图书馆、运动场、公园和民众学校，还包括了救济事业，有养老院、育儿院、感化院和残疾院。其核心观点是建设现代社会的关键是社会组织、社会生活和社会道德的改造，并指出北培的建设就是创造一种现代团体生活的实验（凌耀伦，熊甫.卢作孚文集[M].北京：北京大学出版社，2012：262），"将嘉陵江三峡布置成为一个生产的区域、文化的区域和游览的区域"（卢作孚文集：282）.

城乡一体化，到易地扶贫搬迁的乡村发展计划，乡村始终随时代的更替而演变。

在乡村演变中，传统的以宗族为组织结构、以农耕为主体的乡村日常生活和产业基础已经或正在被改变，乡村传统的日常被"异质"所介入。异质来自乡村社会组织结构从宗族转化为政府主导，来自生产结构和组织方式的改变所带来的乡村公共建筑类型的复杂化和功能计划的演变，来自外来的介入所带来的传统生活方式和建造技术的改变。这一系列改变所带来的差异性，具体表现在：在经历祠堂的衰败、乡村小学和村办工厂的建设和没落之后，当下乡村振兴以乡村文化体验和自然体验为主导，民宿、休闲娱乐诸如咖啡、餐饮和茶室、创意工坊、文化中心、社区中心等公共建筑成为乡村新的建筑类型，并构成了乡村新的公共行为；不同公共行为和私密行为的介入所带来的领域界定的复杂性和模糊性、屋的密集和尺度放大带来的乡村屋、巷道空间与自然关系的变化；当下生活方式和建造技术构筑的建筑姿态与传统民居两者并置形成的乡村面貌；以农田为主的乡村环境体验的式微。在这过程中，它不仅包含乡村生活、体验上的差异，也包含了外来资本和村民之间利益的博弈。

练习选择通过文化介入（文化中心）带来的异质，来探讨当下乡村建设中的空间、行为的混杂与村民日常生活之间的关联性问题。关联性之所以重要，是因为文化旅游看似对于当下乡村建设是一条不可避免的路径，但对于普通、资源相对一般的大多数乡村，实际这隐藏着潜在的危险，建成空间很可能会被大量闲置。同时，它也涉及乡村建设的一个基本问题，即乡村的改变为生活在其中的村民在提高经济收入之外带来了什么益处？借助这个练习，希望设计者对此进行前置性思考，并找到应对策略。

练习以"日常中的仪式性"为题，实际已经明确表示了教学的基本立场。日常中的仪式性包含两个层面：一是，村民日常的生产行为、生活行为、仪式行为中的瞬间或场景所构成的静谧和肃穆，是在日常行为中呈现的"仪式性"；二是，日常指向乡村和村民，仪式性指向外来介入的表演、展示空间所具有某种特质。以"中"作为界定两者关系的等级秩序。

练习选址在苏州昆山尚明甸村（图 3-1），一个资源有限、普通的苏南乡村。练习回避了景观和历史资源丰富的村落，特别是位列传统历史村落名录中的乡村，因为它们不是中国乡村典型性的案例。苏南乡村

（尚明甸村）在 20 世纪 90 年代经历了村办企业、21 世纪初的第三产业——螃蟹养殖的发展，但随着时代的演变，这些产业都已没落，成为废弃的厂房和养殖业基地。设计场地选在了村落最北侧，曾是原有乡办工厂的用地，现已被废弃，土地属于集体用地性质。在乡村发展计划中，该村的第一轮规划是以农业体验和农耕风貌为旅游资源、以文化中心和民宿的建设来引导乡村旅游和原有村落的社区建设，进而带动村落的更新。之后，投资由政府转向私人集团，规划方案在功能策划和乡村景观规划上有所调整，改以创意办公和民宿为主，以花田景致替代原来规划中以农田为主的景观策略。

1. 讨论的核心问题
1）乡村日常的呈现
2）当下表演的特征与空间形制的关联性
3）村民的日常行为与外来文化行为的关联
4）"日常中的仪式性"的定义，日常与仪式在行为和尺度上的转换和连接

2. 强化
1）认知乡村用地性质对于建设的制约性
2）对乡村空间尺度、农田自然景观尺度与表演空间"仪式性"尺度的体验
3）认知乡村演变带来空间的演变，及其乡村建造逻辑

3. 设计任务书（≤ 4200 m²）
1）3 个表演空间（黑盒子、白盒子、声场，自定义大小）
2）展示空间 120 m²
3）视听室 90 m²（3 间）
4）多功能室 150 m²
5）咖啡厅 120 m²
6）贮藏 100 m²
7）办公室 80 m²
8）设备间 80 m²
9）自定义功能

4. 专题练习（2 周）
    模型：黑盒子、白盒子和声场

题图 8 勒内·马格利特，《光的统领》
（Rene Magritte, *The Dominion of Light*）

日 常
Ordinary

何以成为日常，谁代表了日常？日常是否需要以身份来界定，不同身份的日常之间是如何博弈的？ 我们从日常中得到什么？从日常到日常空间，行为如何占据空间，空间如何适配行为？

日常　是一种共识
　　　是一种习惯
　　　是一种循环往复

日常　是异质的集合
　　　是个体化
　　　是社会化

日常　是具象的场景
　　　是烟火气
　　　是地方性

日常　是类型
　　　是形制
　　　是生活样式

日常的提出，最初是基于反精英化和对普通大众生活经验的关注。社会是被精英阶层所规范的，日常因其指向普通大众所定义的行为规范、生活习惯和生活形态，从而成为精英社会中的"异质"。这种来自普通大众的日常，具有一种社会性和普遍性，是身份、生活经验、习惯和文化的呈现。

　　日常存在的两种状态，一是自然重复、普遍性的状态。既随处可见，又往往被视而不见；二是具有更迭和当下的特性，会随时间、社会发展和技术进步而改变。亨利·列斐伏尔（Henri Lefebvre）将之归纳为"平凡与现代"。这种常识性的经验和习惯，在延续并演变中不可避免地呈现出"异样"，它是过往的行为习惯与当下出现的新的生活行为相互交织构成的情景。这种异样是时刻存在的。同时，承载日常的又是具体的个人。日常生活所具有的活力，实际就是个体之间的"异质"在普遍性中所呈现的多样性。由此可见，异质性是日常的主要特性之一，同时也是生活特质的体现。

　　日常会因社会身份的不同而有所差异。随时代变化，大众的生活经验越来越丰富，背后支撑生活经验的社会身份、工作身份、经济身份的等级划分越来越细化，不同的大众阶层由此构成的日常也具有了多层级化和距离感（图 3-2，图 3-3）。

图 3-2 街头

图 3-3 上海，安福路

不同身份的人构筑了不同的日常经验，从日常到日常空间，它成为了个人、群体和社会的交汇点（图 3-4，图 3-5）。在建筑界，对于日常的关注可以说是从对乡土建筑中"无名"建筑的研究开始的，《没有建筑师的建筑》一书更是将之置于聚光灯下。"乡土"被视作是"精英化"的对立面，被定义为边缘化的对象。尽管它们看似平常且随意，但它们是直接应对生活而形成的结果，是基于自身经济条件和生活习惯而建造的。它们是在日常中通过历史参照、相互参照和自我参照而运作的。它们具有强烈的在地性，这不仅与地点相关，也与个体相关。它们基于生活的多样而呈现出空间多样、复杂、模糊性及其相互之间的异质性，尤其是对日常物件的异样运用，充满了创造力和想象力。

当下，这种从乡土建筑出发的日常空间研究延伸到了城市中。犬吠工作室（Atelier Bow-Wow）的《东京制造》和《空间的回响 回响的空间》是在城市中发掘"乡土"所具有的"大众""异质"的特性，其贡献在于消解了城市与乡土的对立。若说《东京制造》是发掘城市中日常建筑的"异质"，用王骏阳老师的话来说是种城市乡土，《空间的回响 回响的空间》则是通过对日常生活的观察来呈现对建筑的思考。它们启发了张斌工作室对城市中"溢出"空间的一系列研究，研究居民日常对空间的占据[1]。日常研究，从乡村到城市，从城市公共建筑到社区营造，再到对城市剩余空间的开发，目的是适应大众生活所需和提供多样的日常生活形态，而且这种生活所需更偏向于对弱势群体的关注[2]。可见，当下研究中的日常和日常空间所代表的社会身份更为具体化，具有多样性和明确的指向性。

1. 致正工作室曾做过上海田林新村、定海桥的研究。（张斌，张雅楠，孙嘉秋，等. 从"溢出"到"共生"田林新村共有空间调研 [J]. 时代建筑，2017(2):47-55. 张斌. 对一段上海城市平民自建史的观察：致正建筑工作室的定海路桥研究 [J]. 时代建筑，2022(6):8-16.）

2. 上海武宁桥下驿站是个将城市剩余公共空间转化为市民的日常空间的项目。在上海疫情防控期间，成为快递人员——城市运转重要支撑力量的住所。张斌将之作为公共性的"出口"。这个出口，不仅是日常中社民众日常行为的出口，也是城市紧急应对公共事件的出口。呈现了城市对特殊群体的关怀。（张斌. 从日常到紧急——苏州河武宁桥下驿站设计 [J]. 建筑学报，2022(10):16-23.）

图 3-4 上海永嘉路口袋公园 @ 陈平楠

图 3-5 街头 @ Henri Cartier-Bresson

乡村的日常

存在于
村民的集体和家庭生活中

存在于
契约和乡规中

存在于
互助的筑屋和邻里关系中

存在于
农耕的劳作和屋檐下的闲聊中

存在于
灶台的炉火和祖先的供桌上

（图 3-6）

图 3-6 云南沙溪

从日常到生活空间

生活样式
从
生产生活、日常生活、仪式生活
到
生活瞬间的闪现
它们在
随意、自在和仪式性之间
摇曳

生活占据空间
行为与空间互为"夹具"
空间、空间中物件
在顺应日常行为"运作"的同时
也通过
内外关系、光线、空间的基本姿态和氛围
调配行为的具体情景
记录行为和时间的痕迹

（图 3-7—图 3-10）

图 3-7 法国乡村洗衣屋

图 3-8 云南沙溪 粮仓

图 3-9 物件 @ 黄印武

图 3-10 Sutudioser 工作室，蒙特村 / 发现相遇者
（Sutuioser, Monte Project and Revealing Encounters）

3. 图片及其图中注释的文字来自王方戟
老师的豆瓣 https://www.douban.com/
note/203077076/?_i=1729926UEPpoK1.

王方戟老师曾记录过西班牙建筑师安东尼奥·希门尼斯·托雷西利亚斯（Antonio Jiménez Torrecillas）在浙江嘉兴旅行期间对一些日常空间的细致观察 [3]（图 3-11，注释文字中的"老安"即指安东尼奥）。

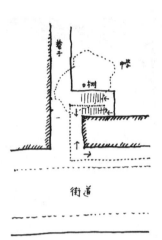

在展开说明老安是如何诠释这个地方的奥妙之前，有必要先上张简图。简图中可以看见，这是一条与小街道串着的巷子。巷子口横着一座门面房。房子是从后面露天的两跑楼梯上去的。房子的二楼有一个室外的走廊，房子后面是一个中学的院子。

从这个普通的地方拾级而上，看见的是被隔壁学校里的一棵大树遮盖着的一个简单的空间，黑黑的。

再往上空间渐渐亮了起来，但还是在遮盖下的。

上了楼梯，在树下面，看见了这个外廊。老安说这是一个接近城市空间，同时又有一定"特权"的半公共空间，因为从这里人们可以眺望下面的街道。这个空间很关键，因为它把从公共到半公共的空间过程拉长。在这个过程中，人再一次回转到城市空间中，不过是在一个新的平台上面。

左转右折，这才到了进入私有空间的一个半公共走道。走道虽然脏点，但和街道的关系非常直接明确，走廊和住家的关系也很清楚，还有树长上来过滤空间和街道的关系。老安说这里非常漂亮，是住在这里的人的一份运气。

图 3-11 街角 @ 王方戟

日常空间

其空间秩序、关系和形制
是行为多样性的载体

观察、体验与想象
是从日常到日常空间
再到设计参照的路径

往回走,在这条被拉长了的半公共空间外廊上,俯瞰着这安静的小巷。

这个外廊的端头被隔壁学校里长出来的大树遮着。老安说这是一个半透明的屋顶,在穿过这个空间的时候,树叶轻轻地打在人的身上,人还能够闻到树的气味。所有这一切让这个空间更加含蓄。

再往下走,视线的进深越来越小,最后被矮墙囚住。空间中的光线也越来越暗。

再走下去,看见了小巷子对面对着的某户人家的院子,城市中相互照应着的视线关系。

题图9　西蒙·阿德吉舍维利,《无名》(Simon Adjiashvili, *Untitled*)

黑盒子、白盒子、声场
Black Box, White Box, Sound Field

黑盒子、白盒子和声场是策展人针对当代表演和展览的特征对空间提出的诉求。其中，声音作为当代艺术的载体或是媒介，显得尤为特殊，其目的是探求人感知的多样性。设计练习以它们为议题，其目的是一方面强化对黑、白、声音在概念层面的解读，期待以此带动空间氛围和空间关系的塑造；另一方面强化行为、感知与空间形制之间的关联性研究。

1 黑、白盒子

当代展览或是表演空间对白盒子 [1] 和黑盒子的诉求，其意图是消解空间对物体呈现的影响，无论是对展品还是人的身体表演而言。这与瓦尔特·本雅明在《机械复制时代的艺术作品》中曾提及的艺术作品"此时此地性"的消失有所不同。前机械时代的艺术品是服务于特定的"场所"和目的，譬如达·芬奇的《最后的晚餐》最初是悬挂在修士的餐厅里，《最后的晚餐》的叙事与修士就餐的行为相互叠加，成为场所、行为、人物"灵光"的所在。当修士的行为变成当下游客的观看时，《最后的晚餐》与场所和行为的关联性就被剥离了。[2] 这种情况在博物馆、美术馆的展览中比比皆是。"艺术品"被从它本来存在的环境中剥离出来，就失去了"此时此地"的灵光。但当下与之有所不同。美术馆的普及使得当代作品成为主要展览对象，当代作品很多就是为了悬挂在美术馆里创作的，它们不再是前机械时代那些在生活中呈现的艺术品。换句话说，黑、白盒子空间的抽象性对于当代艺术的展示并无影响。

按照常规的理解，黑、白盒子与光线有关。黑盒子光线较少，光线集中在展品上，展品被"神圣"化，人则消隐其中。而白盒子光线较为均匀，展品和人被同时显现。若是要探讨塑造黑、白盒子更多的可能性，使空间成为叙事的文本，成为展品和表演叙事的结构，其首要的是对黑、白的概念进行解读：

1. 现代主义建筑有时会被贴上"白盒子"的标签，起因是它所表现出来的抽象性，这一方面是来自它去除装饰的简洁几何形体；另一方面是它对材料表现性的消解，直接表现为白色的建筑。

在柯布的眼中，"自人类诞生之日，白色粉刷便关联着栖身之所。石头经由煅烧、粉碎，再加水细磨——墙体被覆以最纯净的白色，那是出众而美丽的白色"，"无论何方，只要人们能保持一个和谐文化的平衡结构完好无损，便会看到白色粉刷"。（CORBUSIER L. Decorative Art of Today[M].London:Architectural Press, 1987:89, 190. 引文的翻译源自李辉的译著《阿尔托与柯布，自然与空间》P250)

2. 关于图像与空间的关联，详见 葛之彦.图像与空间的关联性研究——以最后的晚餐为例的设计研究 [D]. 上海：同济大学，2022. 在研究中，他提出通过意义互呈和模糊边界的方式来达成"全景式空间"特征，以构成二维图像与三维建筑空间的关联性。

白与黑

是
光与影，昼与夜、明亮与幽暗
空与满、轻与重、透明与遮蔽

是
开始与结束、留白与充盈、间隙与实体
显现与隐匿、陈述与缄默、宁静与侘寂
生机与深沉、肃穆与忧郁、梦与归宿

是
颜色、光影、灰度
是
质感、材料
是
背景、布景、景致
是
空间、 氛围

是
呈现
感知
想象

是
重的白、轻的白
轻的黑、重的黑

是
空白与未知的深度

是
对立呈现，抑或相互映射
是
梦的尽头、未知的世界

白：

素

皓（明亮之白）、皏（浅白之色）、皬（洁净之白、深白）

隙（际间之白）、顠（白的样子）

皑（雪之白）、皞（气之白且广博）、玼（玉之白）、皤（老人之白）、皙（皮肤之白）、隙（际间之白）、晓（天之初白）、皎（月之白）

花白、素白、月白、沙白、乳白、雪白、米白、苍白、惨白

忧郁的白、幽静的白

《说文》西方色也。阴用事，物色白。从入合二，二阴数也。

《庄子·人间世》虚室生白。

《吕氏春秋·士节》吾将以死白之。

唐．杜甫《月夜忆舍弟》"露从今夜白，月是故乡明"。

明．张岱《湖心亭看雪》"雾凇沆砀，天与云与山与水，上下一白"。

"雪山的白是冷和硬，白云的白是暖和软。"

白使其他色彩凸显

中国画的留白，是空间

"白色如悼"

记忆中的白

"梦的尽头，是白色的自由。"

黑：

墨

乌（浅黑色）、玄（深黑色）、黯（深黑色）、黛（青黑色）、绀（微带红的黑）、青（绿之黑）

缁（丝织品上的黑）、皂（来自植物之黑）、暮（傍晚之黑）、暝（天之黑）、晦（夜晚之昏暗）

漆黑、黝黑、焦黑、乌黑、黎黑、玄青

惨淡的黑、昏黑、幽暗

《说文》黑，火所熏之色也。

唐．杜甫《春夜喜雨》"野径云俱黑，江船火独明"。

宋．苏轼《六月二十七日望湖楼醉书》"黑云翻墨未遮山，白雨跳珠乱入船"。

清．查慎行《舟夜书所见》"月黑见渔灯，孤光一点萤"。

谷崎润一郎 《阴翳礼赞》

"日本的厕所更能使人精神安然。这种地方必定远离堂屋，建筑在绿叶飘香、苔藓流芳的林荫深处。沿着廊子走去，蹲伏于薄暗的光线里，承受着微茫的障子门窗的反射，沉浸在冥想之中。"

"如果把日本客室比作一幅水墨画，障子门就是墨色最浅的地方，而壁龛则是最浓的地方。"

"我认为西方人所说的'东方的神秘'这句话，指的是这种黑暗所具有的可怖的静寂。"

"将虚无的空间遮蔽起来，自然形成一个阴翳的世界。"

"一走进大建筑内部的空间，就会发现，处于外光照不到的幽暗之中的金隔扇、金屏风，捉住相隔老远的院子里的亮光，又猝然梦幻般地反射回去。这种反射，犹如在夕暮的地平线上，向四周的黑暗投以微弱的金光。"

叶圣陶的《夜》"远处树木和建筑物的黑影一动也不动，像怪物摆着阵势。偶或有两三点萤火飘起又落下，这不是鬼在跳舞，快活得眨眼么？"

王禹偁《谪居感事》"悔须分黑白，本合混妍媸。"

2 当代的表演方式及其空间问题

概念的解读可以拓展我们对空间的想象，与此同时也需要考虑黑、白盒子与行为之间的匹配性。相较以往，当下表演、展示、观看行为发生了转变，具有三个基本趋势：一是强调互动性，二是真实情境的介入，三是关注时效性。

互动性，以表演空间为例，它带来的是对传统"舞台—观众席"这种二元对立式的剖面形制进行反思。传统的表演空间（舞台）和观众席有各自明确的领域范围和前后关系——人端坐在观众席上向前观看舞台上的表演者，而且两者之间存在空间位置上的距离。同时，观看的行为是被座椅和包厢所规范，表演被舞台的形状限定了行动范围（图3-12）。而互动性更强调"近"身，所以无论是观看人数还是表演形式都已不再是以往剧场的模式。表演者和观看者都可以在空间中"游走"，这种"游走"从最初在一个空间中进行，发展到在同层的几个空间中，甚至不同高度的各个空间中进行（图3-13、图3-14）。观看者与表演者擦肩而过，或是驻足观看，从以往单向的观看到环绕式观看，从有距离式观看到贴近式观看，甚至窥视。观众可以在各个空间中看不同的剧情，因而故事的叙事不是根据剧作家设定的线索来编排的，而会因观众游走流线的变化而产生差异。在这过程中，观众也会成为表演者，他们在空间中驻足或是游走，与表演者交织在一起，在他人眼里，他们一起在"表演"。

这种互动性带来的思考是，这种表演和观看方式是否还需要界定表演和观看领域？若是不需要，何处都能开始表演，那么均质性是如何建立的，它又是如何应对表演和观看所需？若是存在特定的位置适合某种表演和观看行为，它们是否需要在均质中确立某种差异，这差异来自什么——空间形、光线、方位……？若是依旧需要界定表演和观看各自领域范围的话，它以一种什么强度的限定方式呈现，与传统剧场的差异会是什么？这两个领域可以相互转换吗？若是转换，对观看和表演的影响会是什么？其中，最为基本的是，若是在不需要借助灯光设备的情况下，如何能看清表演？

在真实室外场景中演出是当代另外一种表演形式（图3-15）。这种表演形式首要的是选点。自然山水、农耕场地、园林、小桥流水人家都可以成为表演的"舞台"，剧情与真实场景相互交融是其基本诉求。在国内乡村的场地中，这不仅是关于"景致"的截取，还涉及乡村的土地性质问题。乡村用地性质的划分包括村庄建设用地（村民住宅用地、村庄公共服务用地、村庄产业用地、村庄基础设施用地、村庄其他建设用地）、非村庄建设用地（对外交通设施用地、国有建设用地）、非建设

图 3-12 伦敦皇家剧院

图 3-13 沈伟，融 2021

图 3-14 Prada 秋冬秀场 2021

图 3-15 云门舞集，稻禾 2013

用地（水域、农林用地和其他非建设用地）。其中，非建设用地是被严格要求不能用于建设的，尽管有极少比例的农具用房指标。而此类表演又多会选在自然环境中，因而选点需要以用地性质作为其前提制约条件。

在实景中表演带来的空间问题，一是，舞台和观看领域可以成为地景的一部分，如何使之融于周边环境中，如何建立尺度上的关系是其核心的设计内容；二是，由于很难有后台或是类似传统剧场的候场区域，因而演员进入场地的路径和方式都成了表演的内容。在空间组织上，不仅观众进入序列需要有氛围的诉求，演员的路径也不再只是应对便利性，它们成为建立关系的参照——演员与观众、不同人的路径、路径与舞台或是观众区之间的关系。

建筑的时效性是指空间可以在更长时间内被利用。这对于当下的中国建筑界的确是个问题。在过去十多年里，我们看过太多明星建筑师扎堆在一个区域里盖房子，但没过多久就都荒废了。不仅如此，最近几年在各地大量建设的休闲设施、工坊、美术馆、表演场所都开始出现空置的状况。它反映了 2 个问题，一是功能策划不符合实际需求，二是房间功能的单一化，空间在闲时不能转化成其他用途。就表演空间而言，因其受到表演类型和策划等因素的影响，它一般多在周末，或是工作日的晚间使用，其空间的时效性总是存疑，尤其当它位于乡村时，这个问题就显得尤为突出，因为毕竟交通不便，受众人数的缺失成为其主要障碍。此时，复合利用就成为当下对表演空间的必要诉求。实际上，当代艺术表演方式的改变为这种诉求提供了机会，因为表演空间不再局限于剧场的传统剖面形制。此时，就需要对空间组织和关系进行思考，既要保证表演空间的独立性，同时又与其他空间进行关联，可以成为其他功能空间的补充，或是附属。

总体而言，空间形制是需要为行为提供基本框架来支撑行为的进行。这个框架涉及空间的基本形（平面、剖面）、光线与氛围，与其他空间的关系。这个框架同时需要具有灵活性，因为行为是具体的，会因为个体而有所差异。

3 声场

声场，声音所建立的"场域"，它不仅是指声音传播范围所涉及的空间领域，是一种物理场域，同时它也存在于人的意识中，它所激发的记忆、情感和想象构成了意识中的场域。正是基于此，声音成为装置艺术的一部分，艺术家利用不同的声音（自然的声音、人的声音、物运作的声音）、不同时代的声音来描摹地点、体验自然、记录时间、唤醒记忆。

对于声音的物理场域研究，在建筑学学科中，以往更多地集中在建筑物理的声学研究中，目的是使剧场或音乐厅能依据不同的演出需求控制混响时间。它主要是通过控制空间的基本姿态、吊顶与墙面的吸音和反射来控制音质，以期获得更好的音效。对于日常空间而言，声音在空间塑造中可以承担什么角色？

首先，回到对声音自身的理解。声音的传播涉及声源和接收两个"地点"——声音发出的位置和人接收声音的地点，它们存在位置关系。与声音相关的术语包括声强、声调、节奏与韵律、反射、回响、混响。若是从"空间"的角度去理解声音：

声音的"空间"化
声音的强度——空间领域范围
声音的质感——情绪、情景、想象的描摹
声音的回响——时间差暗示着短暂的逝去和过去
声音的反射——方位的同向与错位

其次，声音在塑造空间感知和空间相互关系中的作用。在里伯斯金设计的柏林犹太人大屠杀纪念馆里，有个类似焚烧炉的高耸垂直空间。人进入之后，门慢慢地在身后合上。关门声音的延迟和在高耸空间中的回响，将关门的动作"放大"，激起了人被"锁"在此空间中的感觉，唤起了参观者对集中营里的囚犯被关进焚烧炉的联想。在这里，声音是想象情景、塑造空间氛围的媒介。当然，声音可以"记录"自然、喧杂的市井、人的行为和时间的流动，借助想象在自然、城市、不同的人和事件之间建立关联，并与人所处的空间进行比对——屋顶滴水的滴答声可以成为时间的记录器、菜市场的叫卖与室内的寂静形成互衬、风吹树叶的晃动成为景致和对声音的想象……与此同时，它亦可以成为建立空间关系的媒介，因为声源所在空间与听声音所处空间可以在两个不同的位置上，通过声音可以确立两者的相互距离、暗示其他空间的存在，成为引导行进的工具，或提示空间的方向性。在这里，它是空间叙事的媒介。

声场在设计中，可以是一种声音装置、一种空间形制，抑或是一种以声音为媒介探讨空间关系、距离和体验的方式。它首先需要从场地出发，寻找在乡村场地中的声音——自然的声音、田中劳作的声音、村民日常的声音，将它们作为思考的原点。与之并行思考的是艺术策展人提及的、作为声音"表演"的场地——声音如何聆听，以及思考与场地中声音的关联、与其他空间建立关系的可能性。

4 日常中的仪式性

作为表演、展示空间，黑盒子、白盒子和声场，因其空间形制、观看行为的界定，相对乡村日常行为，它具有某种仪式性。此时，"日常中的仪式性"在建筑层面上涉及两个问题：一是尺度上的问题，在乡村中如何呈现具有仪式性的尺度和空间氛围；二是行为上的问题，村民日常行为与外来人行为之间如何建立关联，设计的场地和空间对于村民有何意义？

之所以需要探讨村民与外来人之间的关系，因为它反映了当下乡村建设的一个侧面。尽管本练习具体的功能设定来自真实项目，但回顾真实项目在策划、规划和建筑设计的过程，会发现它在逐渐陷入一种乡村发展的套路——以吸引外来人为主要目标，以文化活动、旅游活动带动民宿、休闲场所的设立，其中，不乏开发商假借工坊、创意办公的名义在开发商用住宅。对于一个普通、资源相对一般的乡村而言，很可能这些空间会被大量闲置，那么促动这些外来"力量"与村民的日常形成互补或许是解决问题的一种途径。

为此，需要对乡村的日常生活行为进行观察，并对仪式性的认知进行反思：

1）场地中日常生活的行为和声音包含了什么，其发生的位置和空间具有何种特征支撑了行为的发生？日常行为暗含的仪式性存在于哪里？

2）对于外来人而言，村民日常生活的行为和空间存在的"异质性"，是否暗含了村民的日常行为具有某些"表演"的特质？

3）文化中心的表演和展览对村民有何意义？场地对组织村民行为有何意义？

4）外来人群的生活样式与本地乡村人的生活样式如何并置、交织、或参照？村民日常的生活行为——在河边的洗衣和钓鱼、用河水浇灌家边菜地、在村民中心闲聊、看电视、去寺庙祈福、去农田劳作的生产行为，与外来人的观演、看展、喝茶和咖啡等行为之间的关系如何被确立，如何构筑新的乡村"景象"？

5）如何理解空间的多译性？

6）乡村的空间体验是通过居住的小尺度与环境的大尺度之间相互对立、相互映衬构筑的。在乡村建设中，当有别于居住体验尺度的建筑形制介入时，尺度建构的策略是什么？

学生作业
Students' Projects

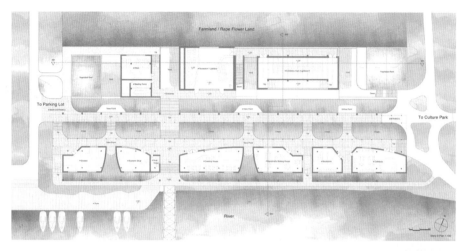

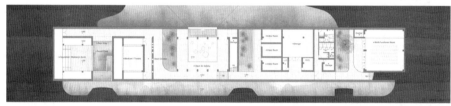

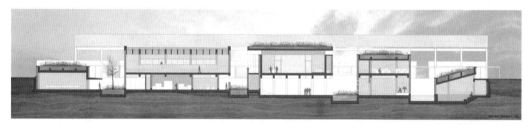

杨天周（2018）

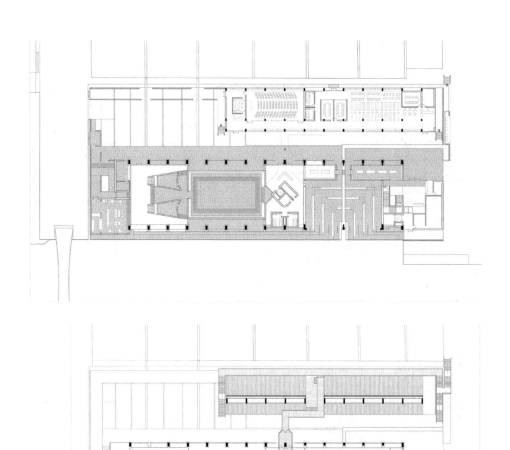

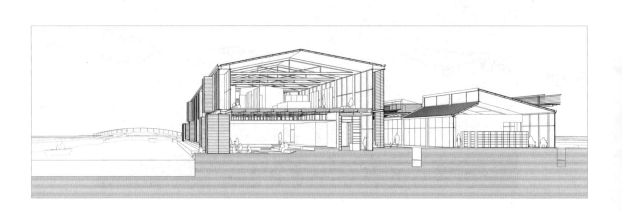

杨滨瑞（2018）

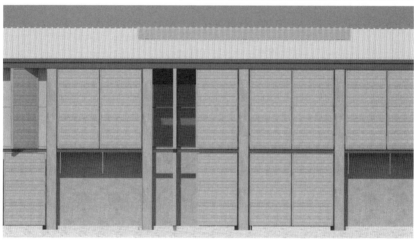

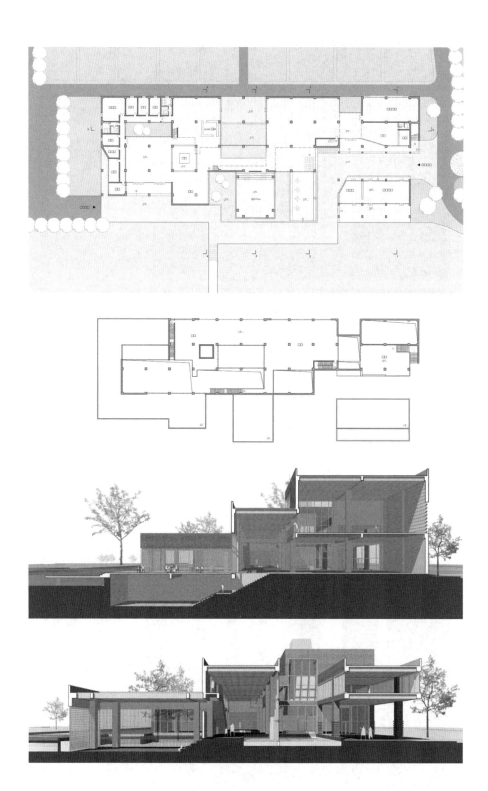

黄怡群（2018）

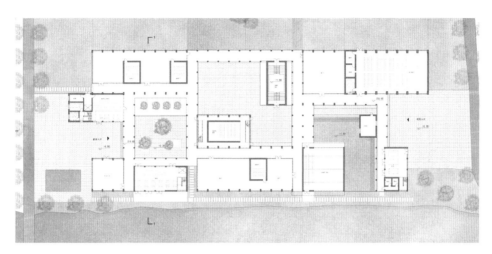

万逸群（2018）

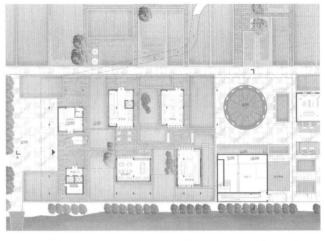

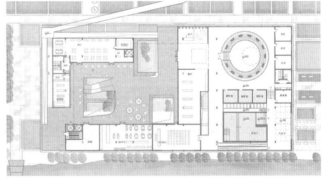

柏樱（2019）

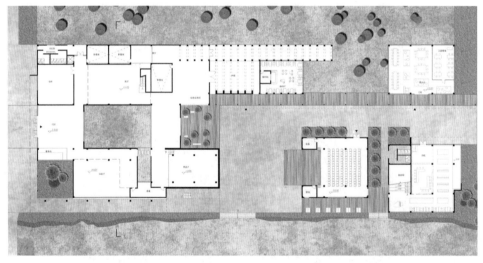

杨眉（2019）

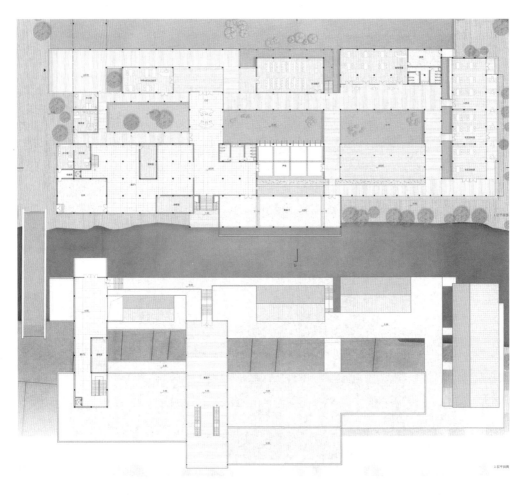

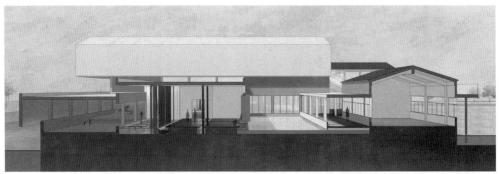

李琦芳（2019）

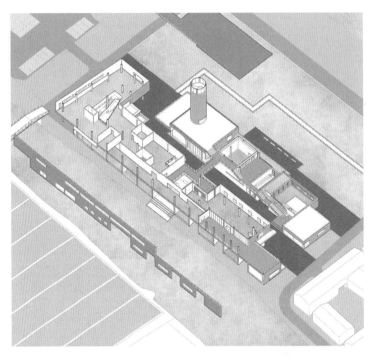

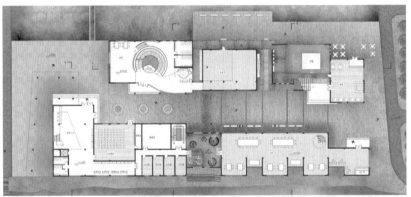

张萍萍（2019）

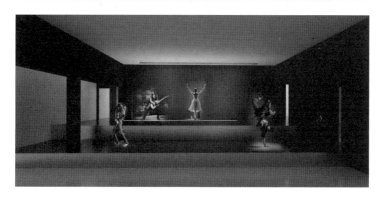

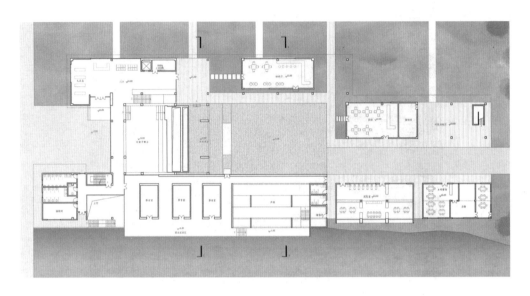

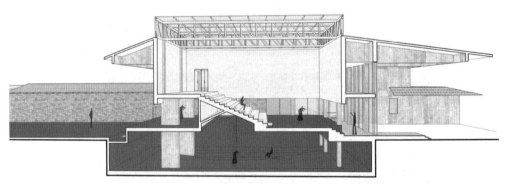

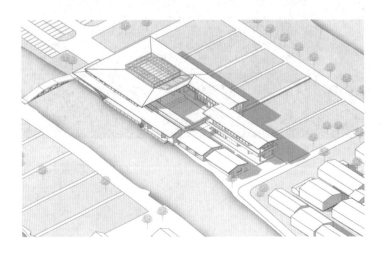

靳阅川（2020）

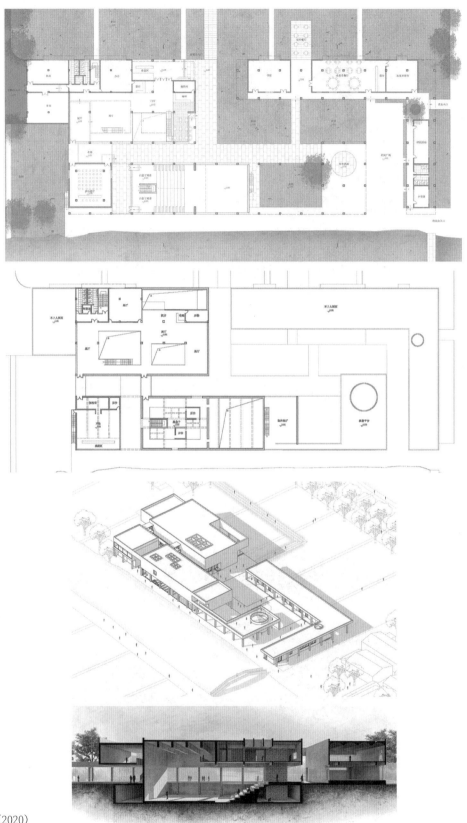

赵灏翔（2020）

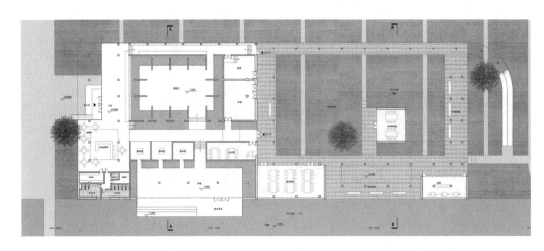

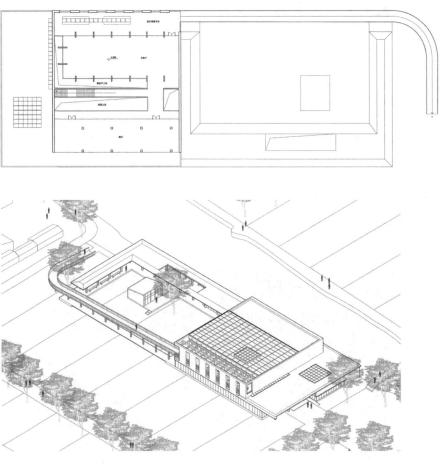

郝雅莹（2020）

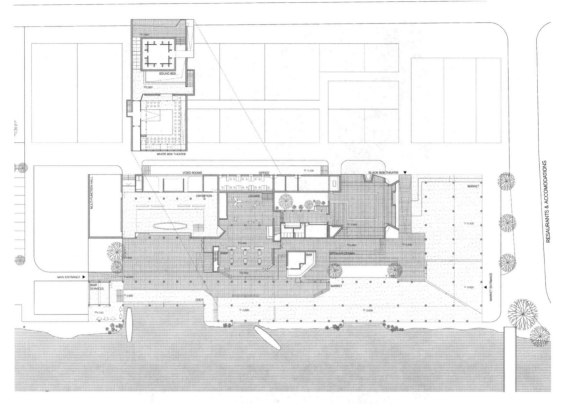

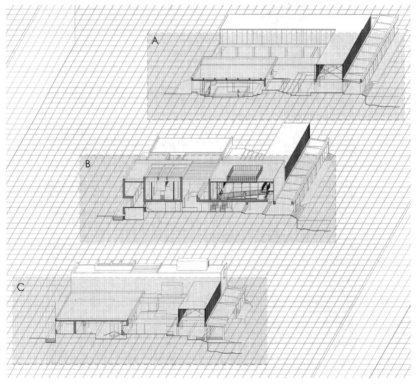

王皓宇（2021）

王皓宇（2021）

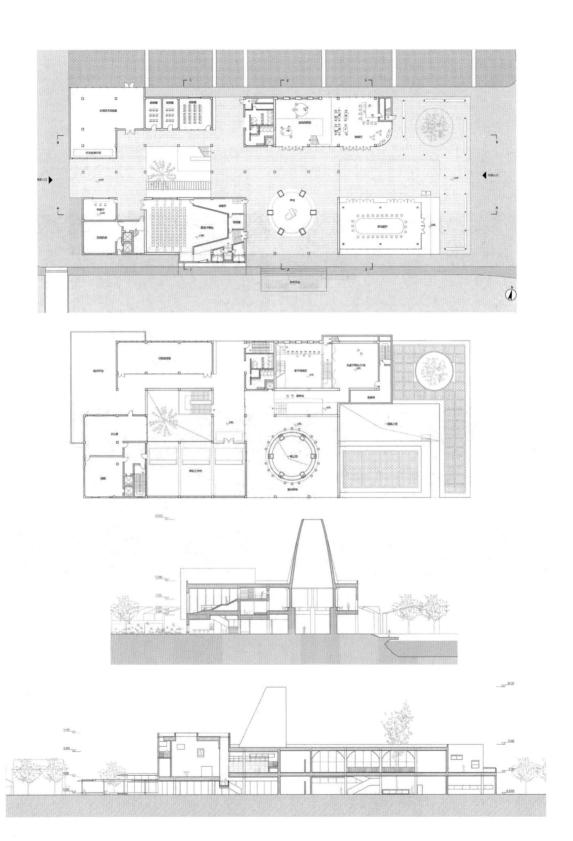

陈明远（2022）

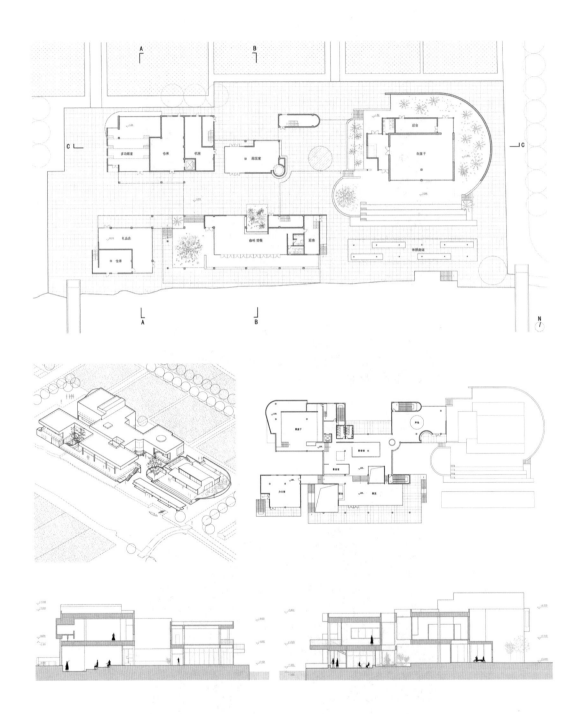

何怡迪（2022）

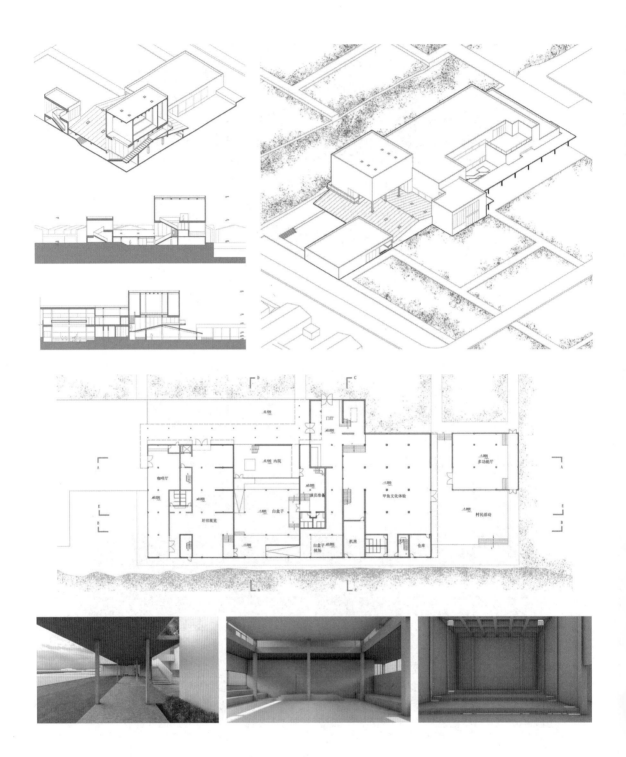

张亚凡（2022）

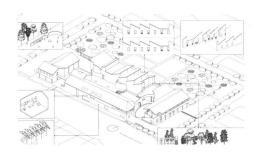

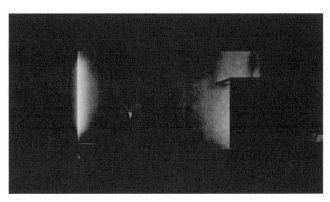

刘翱槊（2022）

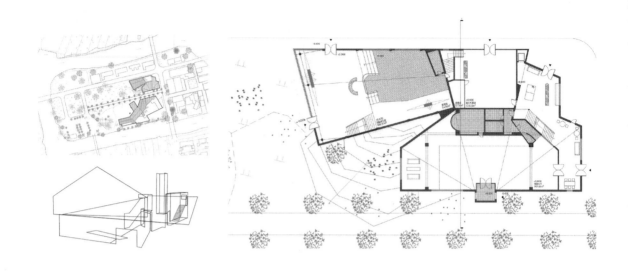

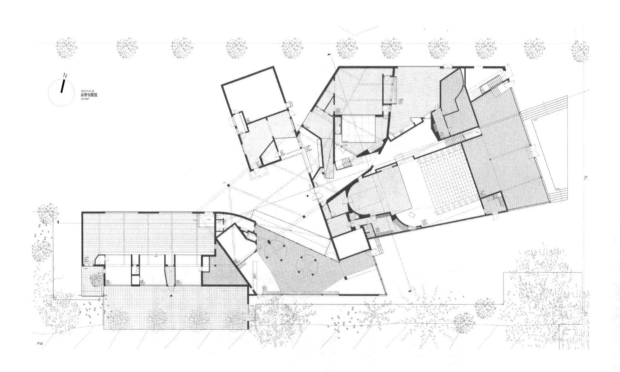

叶俊辰（2024）

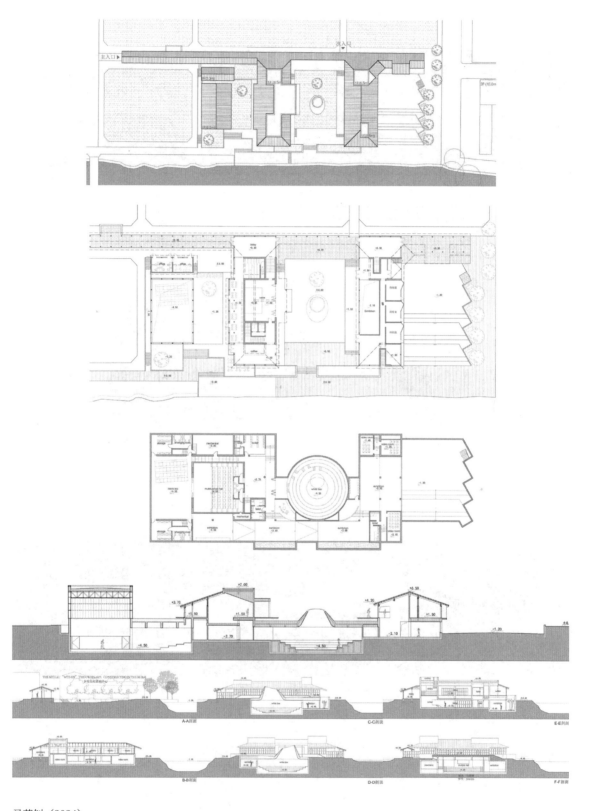

马荣钊（2024）

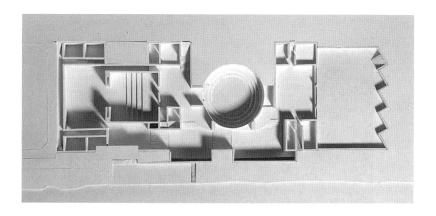

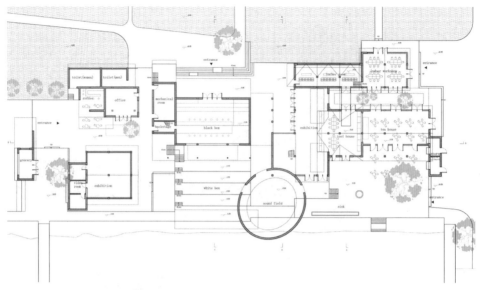

孙藤芯（2024）

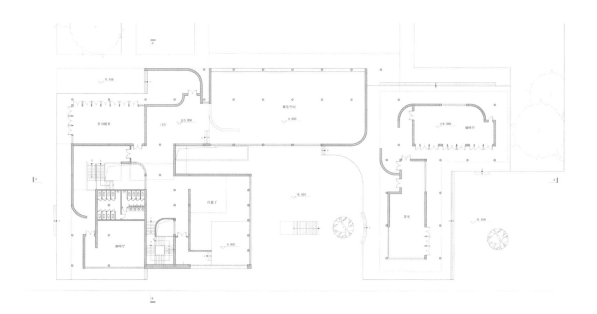

罗潇（2024）

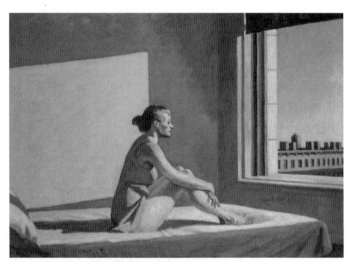

题图10 爱德华·霍普，《清晨阳光》（Edward Hopper, *Morning Sun*）

四年级 下学期 春季

8 周

2021—

原型与家

Prototype | Home

4

设计任务
Exercise

"原型与家"是本科四年级下学期的研究性练习。它以原型、家为议题，探讨如何构筑当下的生活形式，以及它与空间组织、空间关系、氛围、要素和物件的关联性。学生将自选场地，并拟定具体的设计任务。

选择将这一议题作为本科设计训练最后的一个练习，一方面，家作为私人领域、公共生活的"对立面"是建筑最基本的内容，在经历了之前多年以公共建筑为媒介的训练之后，需要对私人领域再认识；另一方面，原型具有抽象性，与时间的累积和演变相关，但同时也需要在场的具象化。以基本内容和抽象性作为本科设计练习的结束，其意图是抛离社会等其他因素对设计的制约和影响，将研究和设计的焦点再次回归到对建筑本体的探讨上，试图通过对建筑基本问题的再思考来拓展认知的深度。

1. 讨论的核心问题

1）家的定义，家的核心行为与承载行为的空间、空间要素和"物件"之间的关联性

2）家的功能计划与社会身份、个体习惯的关联性

3）生活形态、空间和空间关系原型的内涵，原型的空间意图及其与行为、习俗和文化的关联性

2. 训练强化的内容

1）文字的想象力对设计的推动力

2）重新认知图与设计的关系。强化图的再现，图与设计策略的关联性

3）解读潜在的材料意识（模型材料）及其"可塑性"，以此为基础解读设计策略

3. 设计任务
自定义

4. 专题练习（2周）

1）家与原型的定义

2）模型：混凝土和蜡的材料研究

选择以文字和图的再现作为设计工具，是基于当下的境况：一方面当下建筑图呈现出"视觉化"的丰富，却缺乏对意义的探求；另一方面，文字只是设计总结，而不是推动设计的动力。因而设计训练试图在这两方面能有所探索。

关于文字和书写的力量，荷兰的 "High on Type" [1] 团体曾在其项目 "Alphabetum XII -How? Are you" 中提及：

"书写：姿态、动作的一种痕迹，它表述了一种'声音'

书写：记录了身体运动的细微差别
书写：时间映射其中
书写：向内探入、向外显现的互映
书写：手的舞蹈
书写：意义的集合

在知识的海洋中书写：成为档案
在（材料）表面上书写：刻下'深度'
与（材料）表面共同书写：多元的交汇

集体式书写：单元间（个体之间）的协同作用
书写作为语境 / 在语境下书写：（构成）无意识的意义
艺术性书写：灵活的韧性
书写双重性 / 书写的双重性：创造非线性思维
一笔一划书写：关联前后
一行一行书写：创造（行与行之间）'批判性'的距离

手工书写：爱的行动
手工书写：（本身）就是一套规则
手工书写：丰富的、专属于人类的体验
手工书写：慢于思考
手工书写：就是我所需要的沉思（时刻、方式）
手工书写：随性地积少成多
手工书写：拿起新工具之前先理解它
手工书写：无须他（它）者操控
手工书写：生活中的浪漫

书写：用线来表达观念"

他们对书写的哲学性思考也可投射到作画和作图之中。

1. "Hign on Type" 是由 Vincent de Boer, Guido de Boer, Ivo Brouwer and Hans Schuttenbeld 四人组成的团体。该项目曾在荷兰海牙举办展览（2022.10—2023.01）。英文的文字记录来自王皓宇参观展览时对原手写文本的拍照记录。

Writing: a trace of gesture, representing a sound

Writing: archiving all nuances of body movement
Writing: a reflection in time
Writing: zooming in while zooming out
Writing: choreography for the hand
Writing: creating a web of meaning

Writing in a library: archiving the archive
Writing on a surface: going into dept(h)
Writing with the surface: interdimensional contact

Writing collectively: modular cohesion
Writing as context: unintentional meaning
Writing artistically: flexible resilience
Writing duality: living out non-linear thoughts
Writing stroke by stroke: one defines the other
Writing line after line: creating critical distance

Writing by hand: an act of love
Writing by hand: just a set of rules
Writing by hand: a rich human experience
Writing by hand: slower than thinking
Writing by hand: just the contemplation I need
Writing by hand: growing up without control
Writing by hand: understanding your tool before grabbing a new one
Writing by hand: not using objects controlled by others
Writing by hand: a romance with life

Writing: making a point with a line

题图11　安德鲁·惠斯,《春天的喂养》(Andrew Wyeth, *Spring Fed*)

当下家的边界机制及其空间特征研究
Study on Contemporary Mechanism and Spatial Features on Home

　　家作为社会的基本单元，是人定位于这个世界的依托。家作为私人领域，是个体与集体、日常与仪式、当下与记忆的载体。正是由于家承担了如此复杂的角色，使之一直成为社会学、人类学和建筑学的研究对象和实践对象。家的构成、蕴含的人际关系、它与社会组织架构和社会公共生活的关联是它们共同的话题。同时，家的演变与不同时代技术、观念的演变密切相关，并且会带动行为、空间的组织关系、氛围和建造的改变，这成为学界的共识。[1-3] 因而公共与私密（内与外）、这与那、个人与他者这些具有社会和空间双重属性的观念、它们所构成的边界机制成为家的特征塑造和演变的动因。

　　现代化的进程，尤其是自 20 世纪初以来，汽车、铁路、飞机、摄影、电视、混凝土和钢材建造等技术的发展所带来的生活形式和空间塑造的改变，学界对此已经有所研究。[4-7]而互联网技术和人工智能的快速发展，使得当下区别于过往 1[8, 9]，它们改变了公共与私密（内与外）、这与那、个人与他者的边界机制，进而影响了人的生活形式。尽管这种改变还在持续进行，但正如歌德对"正在/当下"的解读——所有情况，所有瞬间都具有无限价值，同时对此进行研究会让我们对未来有所预判，以使生活形式与空间之间建立更为密切的关联。因而，如何理解当下社会中的人对家、家庭生活、人际关系、生活方式的期盼，家的空间组织又将如何与之适配和相互调试，是本部分关注的焦点，它是生活与空间特征的关联性研究。

　　研究将首先试图从家的行为构成、制约因素和核心关系对家的基本内容进行辨析，一方面是为后续当下边界机制的转变和空间特征研究提供基础；另一方面是希望对以往"公共与私密"与空间组织的关联性研究提供补充；其次通过对比当下与旧有机制的差异，来阐明当下家转变的动因、特征及其对生活的影响；最后从生活形式的 5 个方面来阐明当下家的观念、行为与空间三者是如何相互适应的，以及其呈现出的空间特征和发展倾向。

1. 在《数字状况》一书中，菲利克斯·斯塔尔德（Felix Stdlader）以指涉性（referentiality）、共同性（community）、算法性（algorithmicity）来概括数字状况的形式特征。"指涉性，为了创造新的意义而选择、组合和改造现有材料；共同性，是指他人对于存在于世界中的共享视域；算法性，它塑造着世界，也塑造着我们的经验和机构""'指涉性'破坏了'原创性'概念，'共同性'破坏了'个体性'，'算法性'破坏了'个人自主性'"。（《数字状况》，p34）译者张钟萄在译者序中清楚地阐明了三者的关联。

韩炳哲在《透明社会》中指出数字化时代建立的是连接，而不是关系。信息自由带来事务的透明，这种现象越演越烈。"透明是一种系统性的强制行为"，人们为了获得肯定，而不断消除否认性。肯定的社会不仅告别了辩证法，也告别了解释学。它将他者或陌生者排除在外，成为一体化的社会。

对于透明社会，他引用了彼得·汉德克的一句话："我是凭借不为他人所知的那部分自己而活着。"

1 家的基本内容

家最根本的意义在于它对生活的组织，即生活形式的构成，其涉及功能配置、生活习惯及其习俗、空间的组织方式、氛围与行为之间的关联，以及家与外部、家内部人际关系的呈现。

家是个体的，是壁垒。其成员构成及其关系、个体特征和习性都在定义家的运作，填充家的记忆。家是社会的，日常生活中的社会习俗和行为诉求也会投射在家中的行为组织和功能计划上。正因为家是个体和社会的，其生活形式一方面会受到个体的制约；另一方面也会受到蕴含文化特征的社会习俗所影响，因而身份成为制约生活形式的重要因素。其中，公共与私密、内与外是其核心关系。因为它确立了回应外部社会的方式和家内部的生活组织，并影响了关系的建立，包括人际关系和空间关系。它是居住者的生活形式和身份特征在空间关系上的投射。

1.1 生活行为的构成及其与空间形制的关联

家作为私人领域，会集合日常生活、生产生活和仪式生活，并以聚集为其核心内容，因为聚集是构成家的重要动因。最初，家的生活是在单一空间中以火塘为中心展开的，并依据方位组织家中的就寝、劳作、贮藏等其他行为。炉火既是生存所需，又是精神寄托。屋中的门、窗、立柱是沟通外部世界（天与地）与家的桥梁。在藏式民居中，家中的仪式活动也会围绕立柱而展开。当私密性被关注时，卧室被单独划分出去，形成了多居室的空间形制。按照王晖和王璐的研究[10]，在士大夫一堂二室布局[11]中，"堂"成为日常生活和仪式生活的中心（图4-1），曾经作为生产生活和日常生活的院子，也会参与仪式活动。随着休闲需求的日益增强，院子发展成为用于社交和休闲雅趣的园子，出现了类似苏州士大夫宅中园林与宅并置的形制。访客与家人、男人与女人都可到达园子，它成为休闲社交活动的场所，成为中国传统大宅中内外有别的中间模糊地带[12]。同时，更多的社会生活开始介入家中。在前店后宅（下商上宅）之外，打理政事之所"厅"也出现在官员的家中[2][13]。但随着社会分工的日趋细化，生产生活从大多数人的家中被分离出去成了必然。而仪式生活与日常生活一直家中的重要内容，尽管由于政治因素的介入，仪式生活在不同群体的不同时期会有从家中剥离的现象。

由此可见，随着社会的发展，家中生活行为的类型日趋多元化。在因私密性划分出居室之外，公共生活也形成了多中心并置的状态，换言

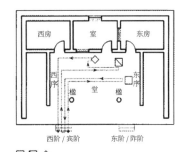

□ ▨ ▧ 主人 主妇 新妇 新妇动线

a 婚礼—"见舅姑"

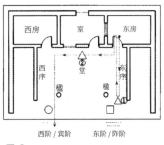

□ ○ △ 主人 宾 冠者 冠者动线

b 冠礼—加冠 ①加冠 ②赐酒

图 4-1《大唐开元礼》中的典型礼仪场景（王晖，王璐）

2. 诸葛净在其《建筑类型问题：从厅、堂说起——居住：从传统住宅到相关问题系列研究之二》一文中提出通过辨析厅堂的词义，指出厅原义是指处理政事之处，堂是家中生活之所，这表明了家不单纯是家庭之事，包含了政治生活，它构成了外与内的公共生活的基本划分。这种情况在隋唐时期就已经出现了。而厅堂二字在很多情况下被混用，尤其是厅经常被"堂"所替代。

之，是生活行为的细分下构成了不同公共行为分别占据不同领域的情形，是公共生活的复杂性和公共与私密的关系多样性带来了这些空间形制的变化。它们因受时代和居住者身份制约而呈现出了差异。

1.2 家的制约因素：身份

仔细审视身份这个概念，会意识到它是由个体身份（生理特征属性、性格属性、家庭关系属性）和社会身份（地域属性、文化属性、职业属性、阶层属性和经济属性）双重构成的。[3]

个体、社会身份连同家人的相互关系共同界定了内与外和家的具体生活形式。个体身份会构筑生活习惯。即便是同一空间布局下的家，因为个体差异，房间的使用方式也会有所不同。[4] 个人生活习惯决定了行为的具体化，以及对行为之间关系的选择和截取。对于原始社会，聚集是以围绕火炉为中心的；在阿尔瓦·阿尔托的玛利亚住宅（Villa Maria）中，聚集意味着是家庭、朋友聚会与展览的混杂。其聚集又分为北侧以火塘为中心的聚集，以及在南侧由花草和阳光环绕的闲适。书房可以是独立之所，也可以是库哈斯的波尔多住宅中（Maison à Bordeaux）以电梯形式的出现，成为连接多层空间的移动之所。同样具体到动作，坐在窗边闲适地阅读，可以是坐在桌旁，晒着太阳翻阅；也可坐在窗边的椅子上，边看书边看着窗外，等待孩子放学归来。行为的具体化在于场景、姿态和与行为相关的重要物件的具体化。

社会身份决定了家的选址、屋的形制、建造的规模、材料的选择，以及如同"厅"事和园子这种功能计划的出现。社会身份具有地域性和文化的特性，它形成了特定的生活习俗，这与地点相关。譬如，家中公共空间分为外屋和里屋在欧洲很早就有了。在英格兰西北部，前屋用来接待客人，里屋是干家务的地方，但是在苏格兰，一间用于灶屋，另一间是客厅[1]70。

人的两重身份在塑造其私人生活和社会生活。比阿特丽斯·科洛米纳（Beatriz Colomina）在讨论现代性时曾用面具来描述私人生活和社会生活两者的关系。[5][4] 社会生活构成了人的面具，人以此为面相显现在大众面前，而面具背后隐藏的是私人生活。

3. 乌尔里希（Ulrich）曾认为公民至少有9个角色：一个专业的、一个民族的、一个公民的、一个阶级的、一个地理的、一个性别的、一个意识的、一个无意识的，也许甚至还有一个私密的角色。

"a civilian has at least nine characters: a professional one, a national one, a civic one, a class one, a geographical one, a sex one, a conscious, an unconscious, and perhaps even a private one."（翻译参见：科洛米纳. 私密性与公共性 [M]. 李真，张扬帆，译. 北京：中国建筑工业出版社，2023: 23.）

4.《家的起源》提及1825年的一篇杂志文章曾对德比郡三代农民的家庭生活进行了描述。房子基本结构是楼下五间房，楼上是个阁楼。在祖母辈布置了两间房，一间起居室和一间卧室，而且都设了床。主人睡在起居室床上，卧室是留给客人用的。到了父辈，重新布置了起居室，床被搬离，添置了些时尚用具。到了孙辈，起居室被用作展示绘画，隔壁卧室改成了客厅。

5. 比阿特丽斯·科洛米纳在《私密性与公共性》一书中用"面具"来解释路斯对外部和内部的理解。路斯曾说"房子没必要向外告知一切"。此时"沉默"是它的面具。并引用贝尔达迷施（Hubert Damisch）的观点，在原始社会，面具赋予了佩戴者社会身份，而现代人则使用面具来掩盖任何差异，以保护自己的身份。现代性意味着面具的回归。（科洛米纳. 私密性与公共性 [M]. 李真，张扬帆，译. 北京：中国建筑工业出版社，2023: 28.）

1.3 家的核心关系：公共与私密（内与外）

从家的生活形态到家的空间构成，它涉及对行为公共与私密性的判定、对行为具体内容的规划，以及将行为之间的关联性转化成空间关系。公共与私密是一组对立的概念，它的内涵随着人生活形态的演变而呈现出不同的面貌。从家的演变过程看，当群居形态出现时，公共的概念似乎就开始呈现了。但实际上，此时它更多的是权属概念，是共有的概念，是"共有与私有"这组概念的对立呈现。随着更多公共生活的介入，诸如宗教祭祀、政治生活、社会分工等，公共与私密的内涵指向了公共领域和私人领域、集体行为与个人行为、交往与独处的分界。当隐私观念显现 6[1]，并以此为基调构成了私密的概念时，公共与私密的内涵也就与"显现与隐匿"相关了。

对行为的公共与私密属性及其相互关系的判定，在某种程度上决定了空间的开敞程度、空间组织方式和空间秩序。但它会因社会和个体差异而有所不同，因而容易混沌常识性的认知，让家更多元化。

1.3.1 与行为和空间组织的映射

罗宾·埃文斯（Robin Evans）对"公共与私密"与空间组织和行为的关联最后落实在房间的连接方式上。[3] 在《人物、门、通道》一文中，他以 16 世纪和 17 世纪的别墅平面为工具，通过观察门和通道，对比分析了这两个时期的房间关系（串联的房间关系、以过道连接房间），认为过道的出现是私密性观念转变的标识，以此来阐释不同时期对舒适性、隐私、行为和身体的认知差异，以及观念与空间组织方式的匹配性 7[3]（图 4-2）。实际上从欧洲住宅的空间布局来看，除了过道是当时保证私密性的工具之外，楼梯也是，诸如通过设置双楼梯来限定不同身份的人在不同区域活动：主人用前楼梯，仆人用后楼梯。[1]66

若是对比同一时期的苏州东杨安浜吴宅（1529 年）（图 4-3a），可以看到中、西方家中处理公共与私密关系的差异。公共与私密与"内外有别""等级秩序"观念相关，尽管在中、西方都自古有之，但两者定义的内与外在概念上有所不同。对于我们而言，以身份为基础定义的内外，存在外人与家人，家中的男与女、主与仆三个层级。在我们的大宅中，屋的基本形制是以院落来组织空间的，因而前两层级是通过多进院落和强化领域边界来构筑"前与后"以形成"外与内"，主仆有别主要是通过设置"夹巷"来区分的。

6. 弗兰德斯在《家的起源》中指出，隐私的概念在不同群体中是在不同时期缓慢形成的。在欧洲，有时床也会布置在起居室内，成为展示家庭财富的工具，而卧室也经常会用作会客用。"文艺复兴时期的意大利，新的都市府邸仍把床放在大客厅中，到了 15 世纪，这种床只是供展示使用，真正用于睡觉的床放在另外的房间里。""有关如厕的隐私概念第一次出现在法国。法国国王的日常生活历来展现在光天化日之下，如厕也不避讳他人，直到 1684 年，路易十四的马桶四周开始挂上了帷帘。"

7. 从 16 世纪时期意大利别墅的平面可以看出（图 4-2a），其建筑有 3 个基本要素：外廊、厅和房。房之间并没有用过道连接，尽管就寝行为可以在独立的房间进行，但房的私密性并没有被强化。在这种串联式空间关系的安排中，行为的安排是依据房间离入口的远近来进行的，若有尽端式房间，会被用作主人卧室的可能性更大。串联的房间关系"对于家庭里的不同成员来说，都是相对开放的，所有家庭成员——男人、女人、儿童仆人和客人——都注定要行走在一个相互串联的房间网络里，日常生活就是在这样的场景中进行的……除非采取什么措施去避免，否则这里的一切活动有可能和另外一个活动相遇……这就是意大利府邸、别墅和农庄的规则"。[3]45 进而，他借助《延臣之书》和切里尼的自传同时期别墅里的生活进行了描述，提出在 16 世纪的意大利"人们对结伴、亲密、偶遇的喜爱是跟建筑平面的格局相当吻合的"。[3]48

而 17 世纪生活的舒适性是以保证私密性为前提的，因而它用过道来组织房间关系，而不是以房间连接房间（图 4-2b）。据埃文斯研究，住宅中最早出现走道连接房间的实例是约翰·索普（John Thorpe）在英格兰切尔西设计的（Beaufort House, Chelsea）。有研究者指出，走廊连接房间的模式脱胎于中世纪修道院的修士住所布局——以围绕庭院的拱顶柱廊连接各个居室。实际上在欧洲各个地方情况各不相同。巴黎的公寓在 19 世纪之后还有很多房屋是串联式布局。

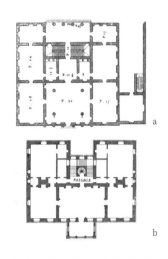

图 4-2 a. 帕拉迪奥，安东尼尼别墅（Palazzo Antonini, Palladiao, 1556）；b. 韦伯，阿姆斯薄利住宅（John Webb, Amesbury House, 1661）

图 4-3 a. 苏州 东杨安浜 吴宅，1529；b. 东杨安浜 吴宅"内外"边界图示

外人与家人，男与女有别的领域建立方式，以吴宅中间一组院落为例（图 4-3b），它看似是被划分成 5 个领域，实则是通过强化边界强调了 3 组内外关系：门厅与之后、茶厅与正厅、正厅与内室（内厅和堂楼）。门厅更类似于门房，外门形制简单，而它与茶厅的边界是用来确认家的正式开始，因此两者之间的门的形制则稍显隆重。茶厅像是对外的厅，一个闲适的场所，而正厅是家中主要的公共场所或是接待贵宾之所，两者之间的边界，包括门，被隆重地"介绍"，它区分了日常与"仪式"。构成内室的内厅和堂楼，它们两者之间的围墙和门，与内厅和正厅之间的边界相比则质朴得多，这提示了堂楼和内厅是一体的。内室（内厅）和正厅的边界构成了男女的领域分界，它也是一种内与外的边界。

3 组内外关系分别强调了外与家、家中对外接待和内部公共，以及家中的公共与私密。可见，内与外是相对的且存在于不同的层级中。同时，内与外的感知是通过院墙（厚度）、围绕院墙的边院、门的形制来强化不同领域之间的边界来达成的——门的形制强调了视觉上的识别性，强调"之后"的开始；增厚的墙体和边院的设置延长了人跨越边界的时长和强化了边界的独立性，边界的领域范围被扩大。它们共同作用来凸显"前与后"和"外与内"。家正是通过内外关系来界定家的内部生活与外部公共生活的关联，并映射家中生活的相互叠加、疏离与亲近。

但是，实际上内与外的划分在日常具体生活中又是模糊的。诸葛净在其住宅研究系列中，借助《金瓶梅》中对西门庆生活的描述复原了西门庆家宅的平面，阐释了家生活的复杂性。她通过对日常生活领域的刻画，阐释了家中公共与私密生活的边界在不同场景下的转化。[14] 实际上，空间在不同情形下被转化使用，以及空间中行为的复合性一直是家的基本特征，因为家是私人领域，尽管社会行事规则会起到规范作用，但在具体生活场景中，规则又是由个体来决定的。

1.3.2 与空间秩序的非对位性关系

我们通常会认为聚集性行为具有公共属性，而洗浴和就寝是私密的。我们的集合住宅正是基于此形成了"入口—起居、餐厅—卧室"这个空间布局，一种私密性逐渐递进的空间秩序。但苏黎世施泰因维森集合住宅（Apartment House Steinwiesstrasse）的空间组织并没有遵循这个秩序（图 4-4）。它将起居室置于空间序列的末端，需要从入口穿过卧室外的过道才能抵达。从平面空间组织看，它在强调尽端位置对于公共空间的重要性——具有多方位与周边环境进行连接的可能。同时，它与被着重刻画的入口小厅，一个独立的空间领域，一起形成类似传统的外屋与里屋形制。在公共空间（餐厅、厨房、阳台、起居室）的相互关系上，它在强调空间的层叠关系和斜向连接的关系。这些都与我们集合住宅的行为组织方式不同。

对行为公共、私密的属性判定，它是建立在相互比较的基础上的，相对性使之具有不确定性，这会给空间秩序带来差异。不确定性，一方面是来自具体关系使得抽象概念具有多样性，诸如若起居室如同早期英格兰住宅一样，会有对外（临近入口）和对内的（与卧室更为紧密的关系）之分，这个对内的起居室就是具有私密特征的公共空间。行为的具体化所带来的关系的复杂性，也会带来空间秩序的差异性；另一方面，不同个体对私密程度的判定也会有所差异。对于一个独居者的家，卧室、卫生间就有成为开放性空间的可能，这是主动的基于身份和个体的诉求形成的"变异"。此时，当卫生间可以呈现特定的开放时，它就有可能不再位于从公共到私密这个空间序列中的末端，并且可以与周围空间，包括外部空间建立关联。

图 4-4 苏黎世施泰因维森集合住宅
（Apartment House Steinwiesstrasse）

2 当代技术进步对家内在的边界机制的挑战

若说从 20 世纪初到 21 世纪初，是速度（汽车、铁路和飞机）和信息传播（电视、广播）改变了公共与私密、这与那、个人与他者的关系，将世界从一个一个相对封闭的个体连接成一个整体运作的世界，全球化成为那个时期的主要特征。在当下的互联网和人工智能的时代，从某种程度上看，是信息的能量超越了物理速度带给世界的改变，它构筑的虚拟世界与现实世界的关系成为改变旧有机制的动力之一。这个虚拟世界，不仅是指互联网技术构筑的虚拟"社群"、以这些技术为支撑构筑的现实生活（自动驾驶、外卖、电商等），也包括在现实世界"拟人"的存在（仿真人的现实）。现实世界与虚拟世界的并肩存在，两者既独立又依存的现状打破了旧有以现实世界为单一主体的建构模式。因为虚拟世界的存在，当迁移、介入（集体、大众）——现实世界中生活形态的重要组成部分，不再是必要的生活行为时，家所涉及的公共与私密、这与那、个人与他者的边界机制也就发生了改变。这种改变源自两个世界交织和交错所带来的模糊性、不确定性和更多的可能性，从而使得当下的生活形式更加多元化。在此过程中，个体意志对其表现出了更多的约束力[8][8]，人可以在"独处"和"介入大众"之间进行截取。这种"独处""介入大众"的两可，使原有概念突破了固有界线，使公共与私密、这与那、个人与他者这些看似二分对立的概念，变成了对立中相互内嵌的关系。

公共与私密：既可指向生活样式，又可指向空间领域的特征。从公共生活和私人生活的角度审视它的话，互联网使得人具有 2 副面具，社会面具和网络面具。现代的人是在公众视野中的社会面具下隐藏了私人生活，当下虚拟世界构成的网络面具，可能是私人生活的真实写照，也可能是另外一副社会面具，隐藏了真实世界中的公众形象和私人生活。它的存在不仅使得社会面具具有了双重性，也将私人生活分离出不同的面貌。从它们与空间的关系看，人不必一定要身处公共领域才能展开公共生活，在私人空间通过虚拟世界也可介入，此时私人空间成为公共生活的载体，这意味着以往公共生活与公共领域，私密生活与个人领域（家）原本一一对应关系，转变成了公共生活可指向公共领域和家，私密生活可指向公共领域与家这种一对二的多重关系。这种关系的转变，使得空间承载行为的类型和特征较之以往更为复杂，这就使得我们不得不重新对公共领域与私人领域的概念和关系界定、对功能计划的规划、对行为方式和情境的界定，以及各个空间与行为的关联进行审视，尤其是私人空间。网络生活与私人生活的连接在于物件，是床、沙发 或是书桌，这会激发对行为及其所在领域的"诗意化"想象。

8. 菲利克斯·斯塔尔德曾提及数字时代中个体性 (individuality) 与集体性 (collective) 关系的变化。传统上个体性与隐私的观念密切相关，以保证个体的形成和真实性免受外部力量干扰，其背后显现的自由是构成现代民主和社会契约的基石。而在网络化、交往环境中，个体性的基础从私人领域转向网络，为了在其中创造社会性，个体的角色从隐匿转向"显现"，人们首先是要让自己被看到，即通过交往的表现行为来创造自己的（再）呈现。网络成为"个体化"的平台。

227

这与那：与地点相关，也与身体相关，它暗含了体验、意识和迁移。因为身处于此地，成为"这"，"那"是远离身体的地方。传统上，"那"需要身体的迁移才能达成。当下技术不仅使得距离被缩短，而且"到达"那、对那的体验也不再需要依靠物理上的迁移，尽管当下的体验集中在视觉和听觉上，缺少触觉和味觉的感知，但它在日趋走向现场感。当互联网技术使得"这与那"摆脱了地点的局限，"这"与"那"可以相互重叠，两者就不再是"之外"的单一模式，而出现了"这即是那，那就是这"相互层叠、烙印的关联。这种层叠、嵌套的关系不仅指向意识、体验上的，也会指向对空间的企图。但空间的企图不能简单化归结于虚拟场景与现实空间的叠加，更为重要的是它挑战了关于地点的既有认知、对现实空间自身的认知，它会重新界定生活空间、家、社区、城市的"位置"，诸如城市便是"家"，家亦可能是"社区"。此时，空间企图带给意识和体验上的促动成为探究"这与那"与空间关联的动因。同时，当这与那都不具有神秘感时，想象就成为了人的诉求。若是回望原始住屋，我们可以看到最初是栖身之所与想象之所构成了"这与那"。可见，当下的"这与那"包含了三个层级，地点、真实与虚拟，以及现实世界与想象世界。

个体与他者：是身份认定的问题，也是领域占据的问题，是亲密程度的映射。对"我"身份的认定决定了他者是谁，以何种状态存在。它存在于2个层面，我与家人、我与社会人。以往对个体与他者的关系认知是以差异为基底，他非我。在当下，从我与家人层面看，互联网会让原本陌生人成为"家人"，而家人成为陌生人。家人身份模糊性的，会让家中个人领域的确认成为需求。从我与社会人的层面看，按照韩炳哲在《他者的消失》所述 [15]，因为互联网会通过大数据按照个体的喜好来推送信息，使得差异化的"他者"消失，他者成为"我"的复刻，从而缺失了通过"他者"来重新审视和拓展自我的可能。当下，个体与他者在同化的同时，个体的身份对生活形态的影响却在日趋增加。身份的差异使得公共与私密、这与那、个体与他者的界定标准更为多样。从领域界定看，个体与他者存在于家与社区、家与公共空间、家庭内部空间分配上。这种占据和分配映射了公共与私密的关系，同时它也是对个体与他者之间亲密程度的确认。网络生活对家人之间、与朋友、与陌生人亲密程度的影响，这些都会反映在个人对生活方式的选择上。

总体而言，当下公共与私密、这与那、个体与他者的边界机制的改变在于从旧有的二分对立转向相互内嵌、多义的关联，而且三者亦相互影响。

3 当下家的生活形式及其空间特征

3.1 亲密的再定义 | 生产的混杂—— 功能计划、组织关系

在家的演变过程中，生产行为和仪式行为愈发成为社会行为，开始从家中剥离，家愈发成为日常生活行为的集合体。但当下边界机制的改变，一方面改变了亲密的定义，使得家中的行为日趋分解且城市化；另一方面，互联网技术的进步使得社会分工协作可以发生在家中，生产生活开始以工作的形式得以回归。

互联网可以使得陌生人不需要接触而变得熟悉，而生活中接触的人变得陌生。在此背景下，"亲密"（Intimacy and friendly）这个概念正在被重新定义，家更成为私人领域。人际关系的变化以及当下城市赋能的多样性，使得请朋友来家吃饭或是在家中暂住已不像以往是经常性的行为。客人来访就约到咖啡厅，家中的"客房"已被城中的旅馆替代。日常生活的家日趋呈现出拒绝他人随意进入的姿态。同时，即便是自身的日常生活也开始"借用"城市公共空间。诸如，家中的"厨房"被早餐点和外卖的商家替代，厨房面积开始被精减。家的功能性被分解，城市网络成为"家"的一部分，让公共空间成为"私人领域"的一部分。

家的功能在分解的同时，互联网技术促动的生产行为的回归，使得公共生活进入家中。以往，生产生活与日常生活的混杂是以分离为主要策略以避免相互干扰。当下因为家中的生产行为主要是以互联网支撑的工作为主，因而公共领域与私人领域、公共与私密的关系呈现出分离中的嵌套关系。当下若是其他人的工作需要介入家中，如同犬吠工作室设计的"工作室与家"所示，它们关注的是公共领域与私人领域在分离下的连接，而不是完全分裂的两个个体，因为家中成员也需要参与工作。这就需要对家中的功能空间进行重新定义。通过"工作室与家"项目的剖面图（图4-5），我们可以看出家的氛围与工作场景的距离是通过将这两类空间相互错半层来达成的，这一方面避免了"归家"像是要进入工作环境之后才能回到家里；另一方面又建立了视线上非直视的"关照"。同时，家中的起居室和屋顶露台是工作人员和家庭生活的扭结点，它们在行为和空间组织上连接了公共领域（工作室）和私人领域（家）。

这种分离中的嵌套关系也会反映在对家中个体独立的生产行为的再认识。以集合住宅的空间组织方式为例，在此背景下，对"书房"的定义、其在空间序列中的位置和与其他空间关系成为关注的焦点。社会性的工作在私人领域的回归，这使得工作与休憩成为日常生活中两个并重

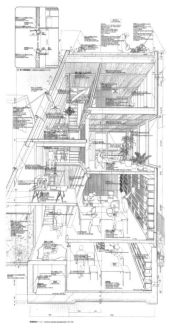

图4-5 犬吠工作室，工作室与家（Bow—Wow, House and Atelier Bow—Wow）

的行为。对工作的公共与私密属性认定也从以往的单一性——私密行为，转化为多义性和模糊性，它既可是公共的，又可是私密的。这促使书房成为公共领域和私人领域中间的模糊地带。它既可以直接对外，又可以成为家中起居室（公共领域）与卧室（私人领域）转换的中介地带，亦可与家中公共领域合并，将聚集行为与工作生活的交织在一起。

由此可见，边界机制的改变带动的生活行为的"城市化""公共化"和"具体化"会影响家内部的功能计划和面积分配，会改变原有的空间组织方式和关系。

3.2 开敞与封闭 | 与公共的连接—— 中介、悬置

家的开敞与封闭姿态呈现的是内与外的关系。当下边界机制的多义性使得家作为私人领域即便是呈现出封闭倾向，也与传统家的封闭姿态有所不同。以往一方面受当初建造技术的制约；另一方面是基于安全防卫的需求，家被坚实所包裹，对外防御是其最初的基本姿态，且多以有限的对外洞口来构成家的封闭性。随着现代技术进步、框架结构和玻璃的运用，水平延展性成为塑造空间的动力。它打破了传统建筑主要由"间"构成的封闭特质，通过打开隔墙、取消门的分割以获得室内空间的流动性。同时，空间也在对外延展。外界成为室内空间的一部分，自然景观和城市生活场景开始侵入家中。这些都打破了传统家的封闭姿态，成为现代性在生活范式上的体现（图 4-6）。

图 4-6 22 号案例住宅（Case Study N.22, La Stahl House）

但是这并不意味着一个透明的盒子，如同密斯的范斯沃斯，可以"代言"家。在私密性被提出之后，对外相对封闭和维护私密性行为仍旧是主题，即便是现代主义建筑被广泛推广的时期也是如此，很多建筑师都在努力塑造家的内部世界，如同尼采所说"现代文化本质是内在的"，路斯（Adolf Loos）的米勒住宅（Moller House, 1927 年）、巴拉甘的自宅（Studio House, 1948 年）以及其之后的诸如安藤早期的住吉长屋（1975 年）都是如此。但封闭的起因各不相同。以路斯为例，他将外部与内部认为是两个脱离的个体，他认为"现代生活是两个不同的层次上进行的，一个是我们的个人经验，另一个是我们作为社会的存在"[4]26。住宅如同面具，需要对外保持沉默，将价值蕴含在内。

在当下，随着城市快速和高密度发展，一方面现代生活的两面性依旧存在。人将家作为"避难所"，想与"喧嚣"的外界脱离，找一个安静之所、独处之所，家呈现出封闭的倾向。但同时，作为社会群居的人

而言，在自己的世界也希望与外界、城市或是社区有一定程度的连接，即便是互联网的时代也改变不了人的本性。当下的连续性与20世纪初期的差异在于"选择性"。尽管技术改变了内外空间边界的旧有机制，使得内外空间的连续具有无限的可能，但当下，连续性是在维护私密性、塑造"内在"前提下的开敞，是在有其他制约条件下可操作和关注的内容。这种内外的连接，既存在于家如同剧院的"包厢"一样观看城市景致和人的表演，又存在于以家的名义参与城市中，或是对自然景致的渴望。因而，当下家的开敞与封闭的姿态较之以往更加多元化，这主要来自对公共与私密关系进行了更为仔细的界定。

一方面，它通过对行为的细分和具体化，强调公共与私密之间的中介状态，来寻求安静之所链接城市的方式，并在连接中寻求开敞与封闭之间的平衡。On design事务所在横滨公寓中对公共起居室的公共属性进行了重新界定，形成了底层公共起居成为直接面向城市公共街道的半开敞性空间，成为公寓居住单元面向和连接城市的中介空间（图4-7）。

图4-7 On design事务所，横滨公寓（On design, Yokohama Apartment）

在长谷川豪设计的狛江独立住宅中（House in Komae）中，他将起居室的室外平台直接面对城市场景，但将它抬高至1 m的标高，在保证家与城市具有一定连续性的同时，又形成与城市道路的分离，维护了家中起居室面向城市的相对私密性。此时，室外平台成为家中的包厢面向城市，当然也被城市中的人所观看，两者互为观众和表演者（图4-8）。在DO事务所设计的Pavilion集合住宅中，连接各户入口的外部廊道从传统的1.7 m扩大到2.5 m，使之成为家生活的外延和邻里交往的场所，让私人领域直接面对了社交生活，而不需要到城市中或是社区公共空间中进行（图4-9）。在这里，公共起居、室外平台和廊道都成为了中介来连接城市、邻里与家，这是公共与私密关系在内与外关系层面上的倾向，成了构建个体与他者的媒介。

图4-8 长谷川豪，狛江住宅（Go Hasegawa, House in Komae）

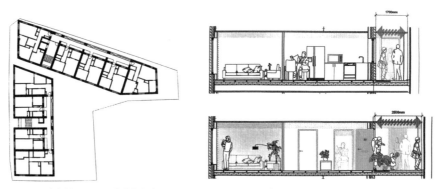

图4-9 DO事务所，Pavilion集合住宅（DO Architects, Pavilion Block）

图 4-10 巴埃萨，德布拉斯住宅 (Alberto Campo Baeza, De Bals House)

图 4-11 犬吠工作室，Gae 住宅 (Bow-Wow, Gao House)

另一方面，家的开敞与封闭在剖面关系上并不只是下层（起居等公共空间）开敞、上层（就寝等私人领域）封闭这一种范式，也出现了巴埃萨的德布拉斯住宅（De Bals House）的图示，他翻转了公共与私密在剖面上的位置关系，下层是家中封闭领域，以卧室为主，拒绝与社会的连接，而上层成为开敞性空间，向周边自然环境开放（图 4-10）。而犬吠工作室基于日本城市空间的密集状态，在 Gae House 中将公共空间放在上层，洗衣等辅助空间放在了一层建筑入口，而卧室和书房放在地下层，只是地下书房为 2 层层高，它以通高的空间姿态和书房的形象塑造了家的入口氛围（图 4-11）。形成这种布局，建筑师的解释是为了避免城市和自家的停车景象对居住内部空间的干扰，并使家中的公共空间可以获得更好的视野。但实际上它也在挑战"家需要以体面的面貌呈现给外人"这一传统对家的诉求。换言之，会是当下的家只是家人进入的领域，不需要给外人以"体面"的形象促成了这种转变吗？巴埃萨和犬吠工作室的这些翻转，不仅是对具体环境的回应，而且也是对既有模式的反思，是对传统习俗及其空间形制的悬置。这种回应，也暗示了当下空间塑造的转向——从空间水平的连续性转向对空间剖面关系的关注，并与水平的连续性相互交织在一起。这里，开敞与封闭、公共与私密更多呈现的是通过内部空间关系的组织方式来应对外部环境。

3.3 连续中的分离 | 等级秩序——房间的消解、领域的确立、斜向的空间关系

家的公共与私密、个体与他者的边界机制也会映射在生活行为的组织和房间关系上，呈现出人的亲密程度。无论是原始单一空间集合了所有生活行为，还是在之后串联的房间关系中隐私可以被窥视，那时家的亲密性都只是被内与外的边界所保护。等到以过道连接房间之时，每个房间的独立性使得亲密被包裹在每个房间内。之后，房间被部分消解，家中出现了开敞性的公共空间与独立房间并置的情形。此时，亲密存在于开敞空间中家人之间的亲近、行为之间的相互关照，以及与之相对的、存在于独立房间中的绝对私人化的亲密行为。开敞空间在两个维度上的连续性（水平和垂直方向）都是建立在取消了房间的独立性和封闭性而获得的。

当下，不仅与他者、友人、亲戚之间的亲密被重新定义，家人之间的亲密被细分，而且人在城市公共生活寻求独处和游离却又要身处其中的倾向，都映射到了家中公共生活的组织中，呈现出"亲密"中的"疏离"。在这种趋势下，家中公共空间的行为被进一步细化，在连续性中如何塑造分离，以确认个人及其行为的独立领域是当下家的空间组织中

主要探讨的问题之一。

连续中的分离涉及的是领域边界的确立方式。从平面策略看，在大卫·奇普菲尔德（David Chipperfield）设计的 9 棵树住宅中，他将生活涉及的内容分成两类，一类是需要实体包裹的，另一类是可用于连续空间的生活行为，然后用实体空间切分出连续空间，在连续空间中利用空间的斜向关系、压缩相互之间的连接空间来建立相对的私密性和独立性，诸如卧室在连续中的独立和分离的状态（图 4-12）。藤本壮介（Sou Fujimoto）设计的 O 宅（Chiba, 2007 年），从平面上看是弯折的连续性公共性空间串联了其他相对私密的空间。卧室并没有用门来建立私密性，而是通过与连续性公共空间形成的夹角来构成空间的相对独立性（图 4-13）。而且，在 O 宅 中很明确的是，它以间替代了过道来连接其余空间。取消过道，以房间连接房间，以此来维护空间的连续性，这是当下空间组织关系的重要特征。换句话说，这也可以认为是过道空间功能化的过程。当过道在用于通行之外还具有其他功能计划时，过道就具有了"房间"的特征，也就形成了以间连接其他房间的方式（图 4-14）。

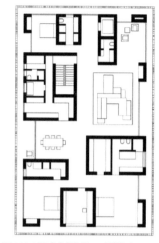

图 4-12 大卫·奇普菲尔德，9 棵树住宅 (David Chipperfield, Ninetree Village)

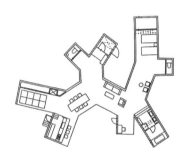

图 4-13 藤本壮介，O 宅 (Sou Fujimoto, House O)

在间的连续性体验和连接过程中，可以看到如同 9 棵树住宅所呈现的空间的斜向关系（diagonal）与传统大宅沿中轴线行进的空间序列形成了很大差异。一方面，它所强调的方向性消解了传统的中轴行进序列呈现的正统性，换言之，暗含在传统空间组织关系中的家的等级秩序被消解了，传统家庭关系中的长幼尊卑的行为模式和生活习俗也会被遗忘。回归到当下，实际上在大家族居住模式被分解后，小家庭及其独生子女的现状也不支撑这种家的观念的维系；另一方面，从空间体验角度看，斜向的空间关系改变了对空间基本型的感知方式，它强调了斜向角落的存在，包括穿行的斜线和垂直于它的另外一个斜线方向的角落。

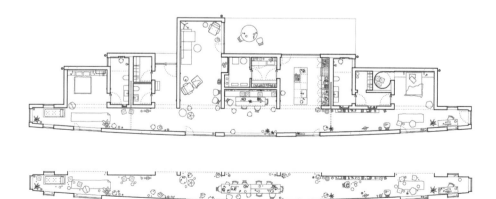

图 4-14 WOJR, 厅屋（WOJR, Hall House）

233

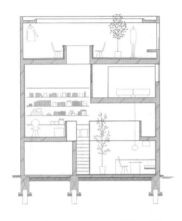

图 4-15 长 谷 川 豪，浅草町家（Go Hasegawa, Townhouse in Asakusa）

　　斜向的空间连续性也存在于剖面关系上。在长谷川豪的浅草町家（Townhouse in Asakusa）中，他利用不同行为所需空间高度的不同来调配各个空间的位置，让公共行为发生在各个高度上，以此形成了公共空间在剖面上的斜向连续性，并依此确认了不同行为的各自领域，达成了亲密中的"疏离"。公共空间在剖面上的斜向连续性也打破了公共与私密的分层概念，让不同的私密行为在一定程度都可以直接面对家中不同高度上发生的公共行为，以此强化了家"聚集"氛围的辐射。因为空间在平面和剖面上错位的关系，卧室也不再需要是一个封闭的房间，房间如同 O 宅一样被彻底消解了（图 4-15）。

　　剖面上连续中的分离还可以通过地面高差，或是屋顶姿态来建立。这种策略可以通过 3 个不同时期项目的剖面来对比阅读，一是西格德·莱韦伦兹（Sigurd Lewerentz）在森林公墓中的火葬场方案（Crematorium, 1924 年），二是查尔斯·摩尔（Charles Moore）的自宅（1962 年），三是犬吠工作室的 Nora 住宅（2005 年）。在莱韦伦兹的方案中，通道连接了 3 个相同平面的空间。3 个空间的差异是通过地面高差和室内坡顶的不同姿态来塑造的。在某种程度上，3 个空间的关系是相互独立，空间连续性并不是其基本特征。摩尔的住宅是在一个方形平面中，通过立柱和室内屋顶的二次限定来强化了连续空间中起居和水池的领域。在犬吠工作室的项目中，在矩形的连续性空间内用 2 个不同屋顶形态确定了两个领域。把 3 个项目放在时间维度上看，空间特征从房间的独立性和对称性在向空间连续性中的"分离"和异质性上转变（图 4-16）。

　　连续中的分离还涉及路径的设定，它是关于视线的可达与行走可达两者之间或关联或对立的问题。当视线可达但不可到达时，远处的空间成为一个无法触及的对象，成为一个远观和想象的"对象"。而且视线可达，路径设定又有直达或是绕行可达的区分。这两者的差异在于绕行可以扩展对空间大小的感知，如同园林中的"小中见大"。园林中的小中见大，不仅是指园林中路径的迂回使得小的园子在人的往复行走中感到园子是大的，还指在一个小的世界可以想象或感知到一个更大的世界或是空间的存在。彼处的空间是行走的目标，亦可存在于意识中。可见，路径是"这与那"映射在空间组织关系上的中介载体，是现实与想象之间的"通道"。

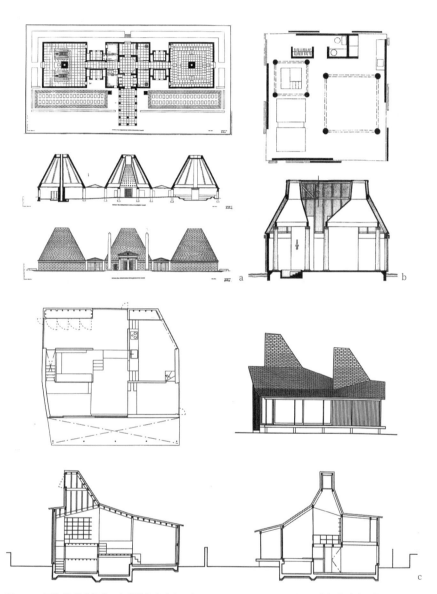

图 4-16 a. 西格德·莱韦伦兹，火葬场方案（Sigurd Lewerenze. Crematorium）; b. 查尔斯·摩尔，自宅（Charles Moore, Moore House）; c. 犬吠工作室，Nora 住宅（Atlier Bow-wow, Nora House）

3.4 行为的再定义 | 行为的叠加 ——"诗意化"、层叠的空间关系

使用功能的日趋细分和专门化，使得空间、房名与使用功能产生一一对应的关系。但在当下的家中，边界机制的多义性使得空间的功能专门化反而在消解，呈现出空间行为的多样复合，无论是在私人领域还是公共领域都是如此，房名已经无法涵盖空间承载的行为。行为的复合，在某种程度上实际是在挑战空间形制与行为之间的确定性关系。空间若是无法以功能来定义和命名的话，那建筑留下的是什么？只有空间的基本形、空间关系和氛围，它们构成了建筑的基本框架，使用者在此框架下决定行为的组织和复合。以此来反思设计过程，以功能作为确立空间关系的参考坐标，有其不稳定性。功能是校正空间关系的参考要素，但不适合成为唯一的评价标准。我们需要更多地对基本框架进行考察。

对基本框架的思考，在前文提及的内容之外，当下的一个趋势是通过行为的再定义重新解读建筑的基本要素和内容，诸如内院是休闲场所这是惯常的认知，但长谷川豪将内院与书桌联系在一起，地面成为书桌，成为一家人聚集的场地。家人从各自的空间中占据公共内院"书桌"的一个角落，在桌边阅读、桌上嬉戏成为家中的"起居"和聚集行为。从这个角度看，从内院到书房，从大地到书桌、从以休闲、闲聊的聚集到以阅读行为为聚集，它们是在对空间形制、对空间要素、物件与行为关联性的再定义，并以此重新审视建筑基本内容和要素。

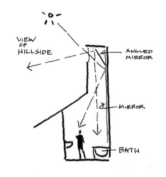

图 4-17 卡梅伦韦伯斯特事务所，塔夫勒屋舍（Cameronwebster Architects, Tarvle Lodge）

对行为的再定义，也包含重新解读日常行为，并使之具有"诗意"（poetry）。当手机上的网络生活成为行为的日常，这使得与躺在床上、坐在马桶上、斜倚在沙发上等行为相关的物件和空间不得不被重新认知。诸如，床传统上与睡觉这个行为相关，但它现在叠加了"工作、闲聊、游戏"，从一个私密性行为的载体转向为多重行为服务之时，不仅床这个物件需要被重新定义，它也会激发对卧室"诗意"化的企图。日常行为"诗意"化的过程就如布鲁诺·巴拉（Bruno Barla）在教学中所描述过的，他以洗衣房为例描述在昏暗、潮湿、狭小空间中进行的洗衣行为，认为可以将之转化为在一片屋檐下、抬头便可眺望大海的场景中进行，这即是"诗意"化。卡梅伦韦伯斯特事务所（Cameronwebster Architects）在塔夫勒屋舍（Tarvle Lodge）中，对卫生间的设计就是一种将日常行为"诗意化"的过程——人站在从高耸空间侧窗洒下的阳光中沐浴，阳光经过卫生间必要的物件镜子的反射，打亮了低矮空间中的盥洗区域，光线充盈了卫生间（图 4-17）。

当下在空间与行为的关系讨论中，另外一个趋向是关注因空间叠加带动的不同空间中行为相互叠加所构成的意义。在埃里希斯豪森事务所

（Pezo-von-Ellrichshausen）设计的康塞普西翁住宅中（House in Concepcion），餐厅和起居行为通过层叠关系相互叠加，但地面逐渐抬起，形成了以家人围坐一起聚餐为核心的氛围，以此作为空间与行为叠加的意图，作为"家"的意义阐释。实际上，对关系和意义的探讨是家的永恒命题。在20世纪初路斯设计的米勒住宅中，他将高处的休息区与低处入口空间构成了对望的关系。聚集与进入、在高处注视入口处的外来人，这种因为在剖面上建立的不同身份人之间行为的关系成为塑造空间连续性的企图（图4-18）。这两个案例都在强调视线和行为上的相互"关照"。特别的是，路斯包厢式的休息区位于内外边界的交界处，凸出界面，似乎想与外界建立联系，但人在其中却又背对窗户。路斯用两个相反的动作来印证他所说的家是内向的。

当下关注的层叠空间是同质空间前后的相互叠加，它多以重复要素的阵列构成空间氛围，似乎是日趋同质化世界的缩影。通过层叠空间可以探讨空间深度的问题，以及同质下异化的问题。空间深度涉及两种倾向，一是加强纵深感，二是通过改变对空间深度感知的量度使得空间扁平化。冯世达先生在研究中国园林时曾提及当一座小桥横跨过水面，将水面分成两个区域，桥遮挡了人对后面一个水面的感知，空间深度就被压缩。此时，地面是感知深度的量度。当然，屋顶、墙体、相对尺度关系也可成为改变深度的媒介。当扁平化拓展到两个空间关系时，通过压缩第一个空间将后续空间在意识中往前推进，从而拉近后续空间与人身体的距离。实际上，对感知上远与近的塑造，也是在塑造关系的远与近。

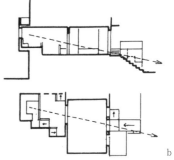

图4-18 a. 埃里希斯豪森事务所，康塞普西翁住宅（Pezo-von-Ellrichshausen, House in Concepcion); b. 路斯，米勒住宅 (Adolf Loos, Moller House)

3.5 静谧之所｜想象的空间——空间垂直性

尽管上文提及在私人领域中建立与城市、景观连接是当下的一种倾向，但家作为一个安静之所是其更核心的内容。安逸、舒适、或是"诗意化"日常行为，是安静之所的一个侧面。另一个侧面，安静之所的指向是家的意义。家的意义——聚集，最初是由火炉所承载的，它是日常生火做饭与在黑暗中寻求精神庇护、生活与精神两者合一的载体。随着生活形态的多样和技术的进步，用于日常聚集的火炉、壁炉都已被取消，承载聚集意义的起居室愈发被各种生活行为所充盈，被聚集的"喧闹"所填满，精神意义的载体在家中被消解。在当下社会中，人们开始在家中寻求"角落"的存在，一个静谧之所，来承载精神的"栖居"，成为当下"这与那"的寄托。此时，一方面家的自我封闭再次成为一种倾向，以此来远离社会的喧嚣；另一方面，静谧之所也从巴什拉所提及的、传统的"阁楼"转向对空间垂直性的两个极点——天空与大地的关注，将身体与之相互关照，以此展开想象，成为家中的"角落"，静谧之所。

图 4-19 长谷川豪，湖边别墅
（Go Hasegawa, Villa beside Lake）

对于大地，其思考源泉，一是来自森佩尔对基座和灶台的描述，他将大地与建造、生活形态、家的精神中心关联在一起。二是莱瑟巴罗（Leatherbarrow）提出的地景（topography）概念，它实际是建立在对大地重新审视的基础上。大地记录了自然的运作和人的运作，从而它与记忆、历史和时间关联了起来。三是从想象出发，大地与坚实相关。大地是"下葬、坟墓、死亡、潜逃、坑穴，以及各种悲伤的故事"[16]6。但同时在中文的语境中，它又是母亲，孕育生命的源泉。大地是一个矛盾体，一个孕育生命和生命归宿地的结合体。天空的意向则是较为明确，它与天堂相关，与梦想相关，与遥远相关。它是轻与清的。在建筑层面上，主要是与光相关，还涉及雨水和风。

在此趋势下，穴的空间特质和居住体验再次被挖掘，天空和光被捕捉和塑造，以此作为想象空间的载体。在长谷川豪的湖边别墅（Villa Beside Lake）中，空间在人与大地的关系中、在身体与地面相对位置的变化中，展开了行进序列和生活的组织。空间被逐渐抬升出庭院地面，最终以圆形屋顶勾勒出天空，与类似枯山水"旷奥"的大地共同成为室内居所的所指（图 4-19）。

在这些趋势中实际暗含了一件事，即当下人们开始通过重新审视"基本要素""基本关系"来寻求当下的表达。其发生的背景是在经历多学科交叉融合之后，学科自身边界不断向外拓展，并且越来越模糊之时，人们开始向内，通过反思学科自身特征和基本内容来推动学科发展，即在对外延展之后，人们开始"向内"寻求内在的动力。在此背景下，要素和关系成为主要探讨的对象。在建筑界，这个基本要素不仅是指建筑构成的基本要素，譬如库哈斯在 2012 年出版的《要素》（Elements）一书中对楼梯、屋顶等要素的梳理，还包括对构成世界的物质要素（土、水、石）进行反思和展开想象，对时间、记忆和历史进行追问。此时，人们开始重新认识后现代主义初期以查尔斯·摩尔（Charles Moore）为代表的建筑师们的作品，他们对记忆、物质要素、家与水的解读，以及哲学家加斯东·巴什拉在《水与物——论物质的想象》一书中将物质要素与想象进行关联。这些都使得在空间转向垂直性时关注于大地和天空，关注它们的意向带给建筑空间的意义。探求想象的空间，将之并置于对空间的功能性诉求，空间也不再必须以抵达和使用为目的了，一个不可触摸的空间也可成为想象的原动力。

4　结语

当下技术进步改变了公共与私密、这与那、个体与他者的边界机制，改变了对亲密和家人观念的认知，促进了对家与公共的关系、家内部生活组织的重新界定和更为细致且具体的思考——生产生活再次回归家中、家的功能有分解且城市化的趋势、家在塑造"静谧之所"的同时也在寻求与城市和社区的连接、在远离自然的同时在寻求家中的"花园"、关注行为舒适性的同时探求行为的具体化和"日常"的诗意化、在重塑家的精神栖居的同时也在寻求行为的相互关联，并在其中维护私密性。

但当下技术进步、边界机制的改变、生活形态和空间特征，四者之间的关联并不是单向作用的形式，而是相互交织，相互影响的结果。它们之间关联性研究还需要仔细辨析演变，或是突变对栖居意义的探求，尤其是当我们把突变简单归结为形式的自由，或是投影塑造的虚拟空间的存在。另外，家的建造始终是在传统与变革中维系的，机制带来的改变与家自身的基本问题始终是纠结在一起。因此，改变始终是建立在家的基本特性之上——家是日常，是仪式，是记忆，是归所。离家、回家，往返于家与外部世界，彼此的痕迹相互烙印。

家在适应当下的同时，它的空间特征也在映射了当下空间塑造的倾向，因为私人领域与公共生活是互映的：

（1）以对物质要素（土、水、石）、天空和大地的意义探求为锚点，展开对想象空间的塑造、对时间、记忆和历史的追问；

（2）以空间基本形、基本关系、要素的重新审视作为空间塑造的原动力；

（3）以空间垂直方向上的连续性替代以往以水平延展性为主导，并关注与水平向的转换；

（4）以水平和垂直两个方向的斜向连接关系替代以往中轴对称的行进来探讨空间的相互叠加；

（5）消解房间的存在，强调连续中的分离；

（6）以对行为的再定义、对承载行为的要素再定义、对行为相互叠加形成的意义的探索，来构筑空间与行为的关联性和呈现空间的意义。

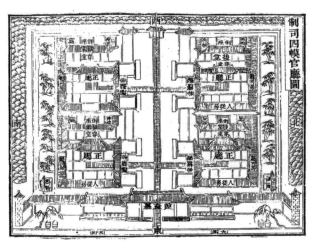

题图 12 宋制司四幀官厅图

图像（建筑图）作为再现的工具
Images (Architectural Drawing) as Tools for Representation

图像与文字是记录和传播文化的两大类工具。在我们的语境中，描绘图像的，有时被称为图，有时又被叫作画。通常而言，图是技术的陈述，它以准确性、可用以沟通和指导应用为主要特征。而画是艺术家的作品，是叙事的工具，它在刻画世界，也在呈现自我。我们以"作图"来区别"绘画"，以 drawing 对应图，以 painting 对应画。实际在英文语境中，drawing 一词与线描或是素描相关，painting 与涂色、油画相关[1]，两者都有画的含义。Drawing 使得建筑图（architectural drawing）具有双重含义和作用，一是用于指导建造或是准确表达建筑空间，二是与图像的叙事和意图相关，具有画的意义。

图像，其本质是再现的工具。对于画而言，它截取信息、展开叙事、阐释历史、表达认知和意图、激发想象。截取、阐释和表达，是需要通过个人意志来呈现的。当然个人意志会受到个人经历和社会所影响，因而图像的呈现会受到个体和社会所左右，从而成为再现的工具。图，即便是技术性图纸，在绝大多数情况下也不是以 1∶1 方式绘制的。相对于实物而言，它是在抽象地表达物和再现物。

若再现是图像的共有特征，建筑图在面对指导建造和成为画这个两个倾向时，各有特点。罗宾·埃文斯（Robin Evans）在其《从绘图到建筑物》（*Translation from Drawing to Building*）一文中，指出建筑图"具有内在指涉的局限性"[2][1, 2]，从建筑图到建筑物之间存在的不确定性、差异性认知是图的属性。而在图成为画时，建筑的属性居于画的属性之下，诸如扎哈（Zaha Hadid）在 20 世纪 80 年代为香港俱乐部竞赛所绘制的一系列图（图 4-20），它们呈现出与俄罗斯艺术家卡西米尔·马

图 4-20　a. 卡西米尔·马列维奇，至上主义，1916 (Kazimir Malevich,Suprematism);
b. 扎哈，香港俱乐部竞赛，1982—1983 (Zaha Hadid, The Peak)

1. Drawing 一词最初在 14 世纪出现，原意是拖、拽。在 15 世纪晚期才有用笔、铅笔描绘的意思。Painting 一词最早的记录是在 13 世纪，是指颜料涂抹的图。在 14 世纪指用颜料描绘的艺术。（www.etymonline.com）

2. 罗宾·埃文斯引用了特瑞尔的装置艺术来说明这点。详见：埃文斯. 从绘图到建筑物的翻译及其他文章[M]. 刘东洋，译. 北京: 中国建筑工业出版社，2018:113.

3. 卡西米尔·塞文洛维奇·马列维奇（Kazimir Severinovich Malevich, 1878—1935）他是抽象主义的代表，至上主义绘画的奠基人。至上主义绘画与现实主义（Realism）的不同在于它以面、颜色、图形、肌理作为绘画主要要素，而这些要素无任何现实中的历史或是现实的参照，只是图形自身。

4. 意大利历史学家 Dal Co 在 1992 年 Kröller-Müller Museum 举办的"延展的空间（Space extended）"的展览开幕式上，用布鲁乃列斯基（Brunelleschi）的图与扎哈、罗西、赫佐格和德梅隆等人的图相比，提出文艺复兴的图试图通过尺寸、比例、控制物"形式"的数字等来描述客观世界的秩序。而扎哈等的图试图让图像画来表现对"新"的追求。详见 DECROOS B, PATTEEUW V, et al. The drawings as a Practice[J]. OSE 105: Practices of Drawing, 2020: 24.

5. Jordan Kauffman 在 Drawing on Architecture 一书列举了一系列事件，其中主要包括 MoMA 举办的 "Education of an Architect" (1970—1971), MoMA Penthouse 举办的 Works on Paper (1974), Architectural Studies and Projects" (1975), The Drawing Center 的一系列展览 "Architectural Drawings Exhs" (1977,1978,1979,1983,1988-1989), 以及诸如 Spaced Gallery, Max Protetch Gallery, Gelleria Antonia Jannone, Galerie van Rooy, the Getty "Archives of the History of Art" RIBA Heinz Gallery, ICAM, ADAG 举办的展览或收藏的文档。

列维奇（Kazimir Malevich）至上主义绘画（Suprematism）[3]的关联性和追求"新"的意图[4]，并使之超越了对建筑自身的探求。它们的抽象性、与建筑若即若离的姿态，成为它们的特征。实际上，这是西方建筑界在 20 世纪七八十年代这段变革时期的一个缩影。西方的研究者、策展人、评论家、机构，包括建筑师，在此阶段通过一些系列的展览促成建筑图成为了"画"的表达工具。[5]

在这两种倾向中，是否存在第三条路径，让两者并肩存在。埃文斯在《从绘图到建筑物》一文中曾提出：

"如果改变建筑定义的一种方式就是去坚持建筑师的直接介入，或把绘图称为'艺术'，或把绘图丢到一边，推崇无'中介'的建造，那另外一种方式则是更为有效地利用绘图的传递和交流属性。我希望在这里去讨论最后的这可能——一种被我称为不太受欢迎的可能。

这两种选择，一边强调的是被造物体的肉身属性，另一边关注的是绘图当中被解体的属性，两者就这么面对面地对立着：一端，强调的是介入、实在性、有形性，在场、直接性，直接的行动；另一端，是不介入、间接、抽象、中介、保持距离的行动。这两端是对立的，却未必不互补……建筑师也可以将这二者组合起来，这样才能够让二者同时提高，就是让他们作品中的抽象性和肉身品质同时提高。这两种品质就可以转而并肩存在，以某种不顺逆的方式，作为另类的可选择情形存在。"[2]114

对并肩存在的探求需要我们重新审视以往惯常对图的定义，重新思考平面图、剖面图、轴测图、场景图等，在拓展它们的"应用"功能之外，发掘其他的可能性。由此，我们需要从作为图像共有的特性——再现出发，从画到图去寻求画可以为图提供的线索，再从图出发，试图通过"并肩的存在"，使图走向图绘。在以图的建筑性为第一要旨，也就是坚持建筑图是呈现空间的工具的同时，叠加画的再现和抽象性去填补从图到建筑物中间出现的局限性，填补"图中被解体的属性"，使图的建筑性得以从"有内在局限性"的客观描述走向成为阐释的工具。

图 4-21 彼得·勃鲁盖尔，《荷兰谚语》(Pieter Buregel, *Netherlandish Proverbs*)

1 图像是叙事的工具（Images as Tools for Narratives）

　　图像在最初是用于记录的，进而成为叙事的工具，诸如在教堂和敦煌莫高窟里的壁画，它们是传播教义和佛理的工具，在彼得·勃鲁盖尔（Pieter Buregel）的绘画中，它是寓言"故事"（图4-21）。画的叙事，就其绘画内容和叙述方式而言，首先是对内容的选取，其次是故事的发展顺序与构图形式之间的关系。很多情况下，画会采用线性构图方式来顺应故事的前后发展顺序。这个"线性"既可以犹如敦煌壁画中的九色鹿故事，从右往左，从上往下，又可以像是在敦煌254窟萨埵太子舍身伺虎图[6][3]中的上下反复，以便将故事的高潮——太子伺虎的场景置于图面的中心，并利用人物的动势来环绕哀悼埋葬太子遗骸的场景和纪念太子的白塔（图4-22）。太子伺虎图中的白塔，塔尖是以仰视视角画的，塔身用一种类似等角轴测的方式绘制，这使得多重屋檐的转角上下汇成一条直线，指向了亲人哀悼的场景。但塔的多层基座却是以正立面形式出现，而基座上的台阶又被画成了斜向的。一座建筑被用4种不同方式呈现，它在以线的走势和方向性来强化故事的戏剧化场景，真实呈现物不是其目的。

　　可见，图的叙事，需要选取情节，并利用自身的形式语言来"重构"和呈现故事。建筑图最初是基于分工为建造而存在的，即便是今天它主要任务也是用以解释设计意图和指导建造。若是从叙事的角度去看待建筑图，无论是平面图、剖面图或是轴测图，在保留其原有技术性特征之外也都可以成为叙述空间故事的载体。那么，空间的故事是什么？以何种方式，或是叠加的方式来陈述"故事"的内容？

　　张永和在《图画本》中除了谈及利用不同图的并置来阐释设计之外，

6. 敦煌第254窟是北魏时期（386—534年）的一座禅修窟。萨埵太子舍身伺虎图宽168厘米，高约150厘米。它的底本是《金光明经》，描绘的是释迦摩尼佛前世的事迹，被称为佛本生故事。它描述的是萨埵王子刺喉以肉身救一只生下7只虎仔，七日却因无法觅食而身体羸弱的母虎。众人悲痛，为其建造白塔，将其骨骸埋于其中以示纪念。故事详见文献[3]31。

图4-22 敦煌二五四窟萨埵太子舍身伺虎图

243

7. 张永和在解释这张画时说，"由于我对文艺复兴早期绘画的兴趣，最后的表现图用了三联画形式以及非数学透视，即图中同时存在多个灭点，也有的局部无灭点"。（文献[4]68）

还提及了安东内罗达梅西纳（Antonello de Messina）的《书房中的圣哲罗姆》（*St. Jerome in His Study*）对其"建筑师协会"的设计和图的绘制的影响[7][4]。在这里，它是关于历史与当下的叙事（图4-23）；库哈斯采用路径的连续平面和剖面图展示空间的序列，其故事是关于路径上的连续体验，它主要是由路径自身的剖面姿态决定的，但较少涉及路径周边空间的特征对其影响。在这，它是关于路径的故事（图4-24）；ON Design事务所利用平面图在描绘空间中生活的故事，包括了家中和公共空间的生活。在这里，它是生活的叙事（图4-25）。

王皓宇在"原型与家"练习中设计的"盲人按摩师之家"，人物身份决定了他们家的选址和空间的大小，盲人的行为特征决定了空间的基本特征：他将场地选在20世纪八九十年代居民楼的夹缝中，在较小的空间里混杂了盲人的生活和按摩工作。他将日常生活的操作行为挤在空间边缘，使得中间空间得以最大程度地开放以用于按摩工作，同时也最大程度减少了家具对盲人行动的妨碍。因而，在图4-26中他通过并置局部平面图和室内立面图来刻画边缘空间连续的生活行为。在这里，图是空间特征和行为的叙事，并呈现了设计策略。在张亚凡设计的"游戏主播之家"中，其特殊性不仅在于游戏主播是"生产"行业与生活的混杂，同时家中父亲的逝去与家中的纪念，成为家中"仪式生活"的一部

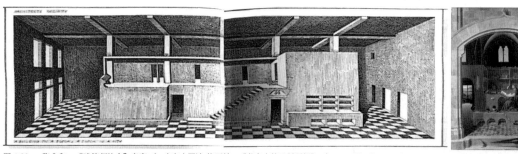

图4-23 a. 张永和，"建筑师协会"竞赛；b. 安东内罗达·梅西纳，《书房中的圣哲罗姆》（Antonello de Messina, *St. Jerome in His Study*）

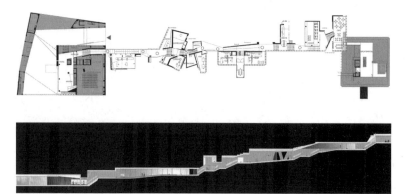

图4-24 库哈斯，荷兰大使馆（Rem Koolhaas, Dutch Embassy）

图4-25 西田司，ON Design事务所，红叶坂之家（Osamu Nishida, ON Design, House in Momijizaka）

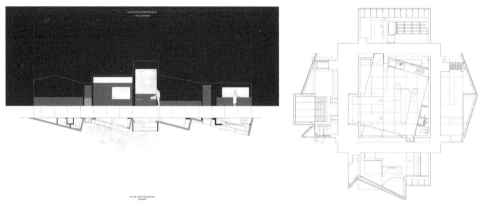

图 4-26 王皓宇，一对盲人按摩之家（2021）

分。记忆中家的生活场景与真实家中的场景，两者的并置成为图表现的主旨（图 4-27）。而陆爱青在"抱团养老之家"之中，选择了不同场景的拼贴构成了空间的叙事（图 4-28）。她并没有像库哈斯一样严格遵循路径来呈现连续的空间体验，而是采用了皮拉内西（Giovanni Battista Piranesi）在《监狱》系列组图中的方法。皮拉内西将监狱中的要素，诸如楼梯等拆解重新构成了监狱的意向。陆爱青将不同路径和空间的场景，通过图中的线、空间形和光影来重组排序，看似是连续的，但又是片段，看似是现实的，同时又是需要通过想象连接的。

空间的故事，可以是关于建筑要素的故事，诸如柱、屋顶、或是路径等的故事，可以是空间与空间、空间与环境的故事，可以是生活的故事、人物的故事、抑或是体验和建造的故事，等等。以"故事"的叙述逻辑、结构和方式来想象建筑图的图绘，进而通过图像的形式语言或是重叠、并置不同的图，来构建建筑图的叙事。图不再只是呈现文本，而是在构建文本。

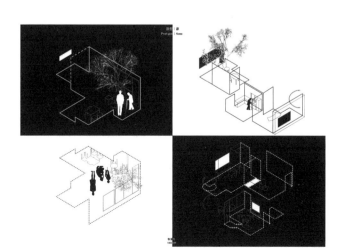

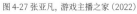

图 4-27 张亚凡，游戏主播之家（2022）

图 4-28 陆爱青，抱团养老之家（2022）

图 4-29 张择端，《清明上河图》局部

2 图像是信息和历史的载体 (Images as Carriers for Information and History)

图像是信息的载体，借助它们我们可以阅读历史，包括社会风情、礼仪、地形与地貌、城市与建筑风貌等，诸如借助汉画像石、北宋张择端的《清明上河图》、17 世纪的荷兰绘画我们可以研究汉朝、北宋和荷兰黄金时代的日常生活和建筑形制。

张择端画中的门楼是单檐庑殿顶，屋檐下有三层斗拱，门楼有斜坡马道（图 4-29）。其城门形制与张驭寰在《中国城池史》所述一致，"在宋代以及宋代以前，都做圭角形门洞，即是梯形门楣，到宋代之后就以卷门为主"[5]203。紧邻门楼的是"孙家正店"。按照《东京梦华录》所记，正店是直属酒务的，是取得官方酿酒许可的正规酒店，而从酒务或是正店批发零售的小酒店被称为"脚店"。店前彩楼欢门是两宋时期酒楼特有的标志。[8]

8. "在京正店七十二户，此外不能遍数。其余皆谓之'脚店'""凡京师酒店，门首皆缚彩楼欢门"。彩楼欢门是"两宋时期酒食店流行的店面装饰，指店门口用彩帛、彩纸等所扎的门楼；也指建筑廊间半月形雕饰的门，以木质杆件绑缚而成，结构大量使用在中国传统木作营造体系中不多见的斜撑、X形支撑、三角支撑以及绳索拉结等方式"。杨春俏（译注）. 东京梦华录 [M]. 北京: 中华书局 . 2020:82, 83.

以彼得·霍赫（Pieter de Hooch）为代表的 17 世纪荷兰画家，他们以描绘荷兰的风俗画著称。他们不仅描绘日常场景，同时空间也成为他们的描绘内容。[6] 在他们的画中，高处洒下的光线刻画了室外（院子、城市）与家的空间关系、房间与房间的关系，以及人物及其行为。这成为了研究 17 世纪荷兰建筑特征的素材。

不知图 4-30a、b 的两幅画描绘的是不是一个家，但两者的相似性却很明确——入口窗旁相似的座椅、抬起的地面，以及地砖样式，都陈述了该时期典型性的窗边行为和空间特征。另外，它们都通过敞开的门描绘了明确的空间关系。图 4-30a 呈现了从家到内院、楼道、街道、河对岸房屋，一系列层叠的内外关系。图 4-30b 则显示了室内房间的关系——门厅、餐具室、楼梯下的空间。这 3 个空间在画中位置形成了三角构图，餐具室橙黑地砖形成的斜向纹理与门厅中黑白地砖一起强化了3 个空间的斜向连接。空间中的光影差异、地面高差、地砖铺砌方式的不同都强化了各自领域的划分和不同的室内氛围。在此时期，门口是家与外界交往的领域，用以买卖、攀谈或是接待来访者。这在图 4-31 中也可以得以证实。

图 4-30 彼得霍赫 a.《带着面包的小男孩》；
b. 彼得·霍赫，《餐具室里的小孩与主妇》
（Pieter de Hooch, a. *A Boy Bringing Bread in the Door way*; b. *A Woman with a Child in a Pantry*）

　　对于 17 世纪的荷兰建筑特征以及一些日常行为也可以通过图 4-32和图 4-33 中得到进一步印证。从图 4-32 可以看到，尽管当时建筑的开窗面积很大，但下层窗户是双层窗，可以用木板封住，这意味着当时社会还是需要一定的防卫性。这也可以理解为什么该时期绘画描绘的是从高处洒下的光。 尼古拉斯·梅斯（Nicolaes Maes）的《窃听者》描绘了一个手握酒杯、衣着华贵的女主人在窃听本该去酒窖工作的女仆与男士私密谈话的场景（图 4-33）。画以上、下楼梯为主要空间场景，描绘了上面的公共会客房间和下层有木桶的贮藏空间，以及俯瞰的城市外部景象。它呈现了 17 世纪多特雷赫特市（Dordrecht）的社会面貌和建筑空间特征。[7] 多特雷赫特市在中世纪就是葡萄酒的交易中心，特别是白葡萄酒，酒是从科隆运来的。因而，酒商们的府邸会有大量房间用于储藏酒，并且还需要邀请客人来品尝并商谈订购事宜。基于老城区的地质相对荷兰其他地方要坚固些，获取石材也便利，可以较轻易地建高楼，因而在多特雷赫特市是以上、下空间分层来应对这种需求的。这就可以理解图中的情景——女主人手握酒杯、"隆重"的楼梯、楼上的招待和办公房间、下层女仆工作的酒窖，以及俯瞰城市场景所提示的，这些都在回应该时期酒商的日常生活和空间形制与之的关联性。这些绘画承载了历史信息，亦可成为研究对象。

图 4-31 雅各布奥克特维尔特，《卖樱桃的人》
（Jocab Ochtervelt, *The Cherry Seller*）

图 4-32 彼得·杨森斯·艾林加，《扫地的妇人》《弹吉他的妇人》（Pieter Janssens Elinga, *Woman Sweeping, Woman Playing a Guitar*）

图 4-33 尼古拉斯·梅斯，《窃听者》（Nicolaes Maes, *Evavesdropper*）

图 4-34 皮拉内西，《战神广场平面图》
(Giovanni Battista Piranesi, *Imaginary Plan of the Campus Martius*, 1762)

图 4-35 罗西，《类比城市 II》
(Aldo Rossi, *La Citta Analogy II*, 1976)

图 4-36 莉娜·博·巴尔迪，花园意向
(Lina Bo Bardi, Illustration of Garden)

信息不仅会涉及历史，也会包含当下；有在场的，也有不在场的；有虚构的，也有现实的。皮拉内西的《战神广场平面图》是用各种在场、不在场历史建筑的平面图来拼贴、重组城市意向和勾勒罗马的城市特征。这些信息有些是以逝去的替代了现实，有些是挪用了本不该在此地的遗迹（图 4-34）。若说皮拉内西的历史与现实是基于"此地"，采用"此地"不同时期的信息进行重组的话，那么罗西的《类比城市 II》则是将不同地点的建筑挪用和重组，与"此地"无关。[9] 不同信息的叠加和重构超越和拓展了对原有信息的认知，描绘了一个想象的图景（图 4-35）。而莉娜·博·巴尔迪（Lina Bo Bardi）则是将设计与她脑海中的参考和意向并置在一起，一方面用以阐释设计的源泉；另一方面用以构筑想象中的理想花园（图 4-36）。

前文张亚凡的设计在描绘空间、记忆的故事的同时，也在描绘在场与不在场。图 4-37 是张翰学在"原型与家"练习中为一对祖孙设计的家。孙女曾外出打工、以照相为生，她从城里返乡照顾独自在乡村生活的祖母。从图中可以看到建筑平面图被叠在了看似是相片底片的上面，底片上的石头放在了层叠的玻璃上，玻璃反射同时也层叠了石头的投影，一种既坚实又易碎的景象，映射了张翰学在设计中对祖孙关系、邻里关系的观察和设定。在设计中，他以疏离中的亲近为题，将家与邻里、家庭内部的人际关系——疏离与亲近、坚实与易碎，通过村落边缘的选址、家与乡邻在院门口的交往空间、祖母与孙女在生活上的差异及其相互依赖、孙女的工作空间需要与其他生活空间脱离的关系等空间策略来落实。底片暗示了职业，是家依存的基础。平面也被拆解，分解成祖母与孙女共同生活的领域、孙女独立的工作空间、家与外部交往空间，而这些都置于了坚实与易碎、映射与反射的图像上。陈明远在其设计的"拾荒者之家"中（图 4-38），以两家共有的院子为中心，将平面与仰视轴测叠加后，并置了城市繁荣与边缘地带的萧索对立的场景，在描述空间的同时，陈述了拾荒者的家在城市中的角色、城市的多层面貌，同时映射了人物在城市中的社会角色。

9. 实际在巴黎美术学院建筑学教学法（布扎）中，分解构图的练习就是将分解和重组，只是对象是建筑要素。详见：徐亮，顾大庆. 布扎的"分解构图"及其在中国建筑教育中的移植和衰变 [J]. 建筑师，2019(4): 89-98.

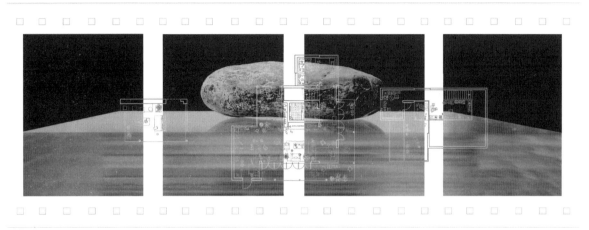

图 4-37 张翰学，村中祖孙之家："疏离"的亲近（2021）

图 4-38 陈明远，拾荒者之家（2022）

3 图像是观看世界的方式（Images as Indexes for Viewing the World）

基于不同的认知，图像呈现的方式会有所不同，同时也折射出观看世界的不同方式。我们经常将中国画的散点透视与西方的透视画法进行比较，来阐释不同的文化背景所造成的图像表达的差异。但实际上，我们古代的图与当下惯常的认知也有所差异，尤其是一些非透视表达的图。这些图的特殊性来自它们将人置于空间中描绘周边事物，并将之与非透视表达的图相结合，并置了人的不同体验。

在古代关于建筑的描绘经常以一种正轴测的方式出现，以宋制司四幛官厅图为例（图 4-39），它描绘了围墙内的两组建筑。两组建筑以中间贯通南北的内部小道分界，一组在东，另一组在西。每组建筑都有两个主要院落，可以分别从中间小道进入。图是以类似正轴测方式绘制的，但与我们今天所熟知的正轴测不同，它不是以鸟瞰视角画出的正轴测，而是依据人在地的体验画的正轴测，它不仅画出了正立面，也画出了两侧建筑的立面。若以主入口和内部中间小道两侧的建筑为例，可以看到制司官厅图的正立面描绘详尽，包括大门形制、匾额和围墙姿态，这是惯常的正轴测画法。但进入大门后，中间小道两侧建筑的侧立面、进入的门户及其匾额也都画了。按照正轴测画法，这些应该是看不到的。但图中描绘的像是把视角放在人站场地中环看四周，把向左、向右看的建筑情景以轴测的方式绘制出来了。可见，它是以人在场的体验来画正轴测的，而不单是以人站在空中鸟瞰来画正轴测的。观看的方式和认知的不同造成了图的绘制的差异性。

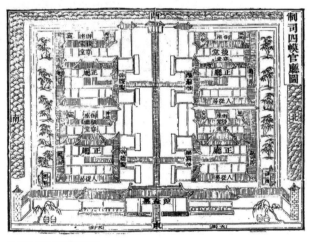

图 4-39 宋制司四幛官厅图

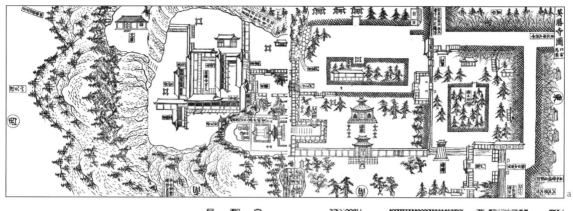

图 4-40 日本英胜寺图

　　若对比宋制司四幀官厅图和日本英胜寺图，可以看到两者有很多类似的地方，诸如图基本都是采用了正轴测的画法，都会把两侧建筑的侧立面画出来（图 4-40a）。但不同之处也很明显，一处不同是字的方向。英胜寺图中字的书写方向暗含了方位意识，暗示了主要路径行走方向，或是文字提及的"地点"它所在的方位。若按照图中右上"英胜寺图"四字的方向，图中所有文字应该都是从上往下书写的，这样便于人辨识，同时它也假定了人看图的位置，在宋制司官厅图中也是这样的。但英胜寺图中其他文字的方向各异，以图中东、西 、南 3 字的方向为例，人看似是需要站在图的中间环顾四周分别向东西南向看时，阅读它们才会方便。仔细看图的右下角（图 4-40b），会看到从东南走到寺庙南山门的路径上，标示空间节点的文字（英胜寺桥、总门）是从左往右竖写的，它与人行走方向和视线方向一致。而路径上经过的钟楼，这二字是从上往下竖写的，因为人在路径上看钟楼是从南往北望，若要阅读舒服的话，字就得从上往下竖写。再比如最下面的文字"令小路"，路是往南延伸的，因而字是倒着写的，它是按照人站在路上往令小路延伸方向看，依此来确定字的书写方向。另一处不同是图中正轴测是与建筑的展开立面相结合。图中有些主要建筑的立面被画成了两个方位立面——正立面和侧立面的并置，以此来强调它们在空间中的"位置"。

　　在这些图中，观看世界的方式决定了图的呈现方式。宋制司官厅图是以空中视点与人在场的环绕视点相结合的方式来重新"定义"了正轴

图 4-41 黄思然，伐木者营地之家剖透视图，2023

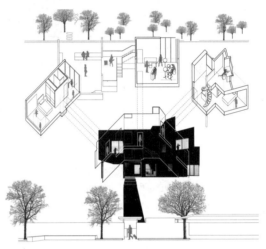

图 4-42 钟雍之，飞行员之家，2022

测图，黄思然在其设计的"伐木者营地之家"中选择以两个独立的一点透视视点来绘制剖透视图，他将观看方式、体验与设计策略相互结合来重新定义了剖透视图。图 4-41 中描绘的是一个连续大屋顶下的两个空间，一个是伐木工人的公共餐室，另一个是紧邻它的伐木工人的寝室。黄思然利用大屋架的杆件在一个连续的大空间里区分出两个相对独立的空间，尤为特别的是，处于大空间边缘地带的寝室具有相对完整的屋形（家型），这使寝室具有了一定的完整性。正是基于此设计策略，他用两个一点透视视点强调了在一个大空间下两个相对独立空间的存在。这种绘制方式与空间体验和设计策略相匹配，是将宋制司官厅图正轴测所暗含的"观看"空间方式拓展到剖轴测的图绘上。钟雍之在其"飞行员之家"中（图 4-42），将归家的体验划分成不同段落，通过立面、场景和轴测图再现了不同阶段的侧重点：以立面家门的"形象"表述了归家的标识；以场景图中家中温暖的灯光和在窗口期盼他回家的家人暗示"家"的意义，以此作为第二阶段；最后以轴测陈述不同家人的私人领域与入口门厅的关系，以此作为归家的结束。不同视点、不同图的并置呈现了归家的体验。

4 图像是意图和想象的呈现 (Images as Embodiments of the Idea and Imagination)

图像的呈现是有其意图的。在中国样式雷的地盘画样图中包含了地势、路径和排架的信息，呈现了相地的意图和建造的基本逻辑 (图 4-43)。诺利 (Giovanni Battista Nolli) 和皮拉内西在面对信息基本一致的情况下，他们绘制的古罗马地图呈现出差异。[10][8, 9]《罗马大地图》(诺利，1748 年) 是科学测绘的成果，《古今罗马与战神广场平面图》(皮拉内西，1770 年) 表现了历史信息与现实的叠加。尽管皮拉内西和诺利一样都以填充线和留白来区分建筑、内院与城市公共空间 (街道、广场)，并描绘了重要建筑的一层平面，诸如教堂、神庙和浴场，使之与城市空间成为一体[11]，但他将历史信息表达作为重点，用黑色表示历史遗迹，包括完整的历史遗迹或是某些历史片段。同时，他还描绘了消失的历史，诸如从波波洛门往北到米尔维安桥这段，而当时这些已不在罗马的城墙范围之内 (图 4-44)。

10. 皮拉内西曾经作为诺利的助手参与了其《古罗马城图志》的研究，以及《小平面图》的修饰和雕刻。

11. 诺利的《罗马大地图》也包含了历史建筑，只是他将之融于现实中。完整的历史遗迹会比其他建筑填得更黑一点，若只是留下残缺的片段，就画虚线以示意。不像皮拉内西将历史建筑完全涂黑，很容易被读者辨识。两张图的对比研究，详见文献 [8]51-59.

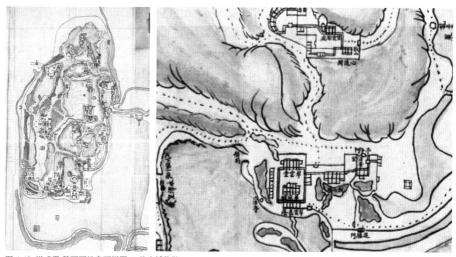

图 4-43 样式雷 静明园地盘画样图 @ 故宫博物院

图 4-44 罗马地图局部 a. 诺利 (Giovanni Battista Nollim,1748); b. 皮拉内西，(Giovanni Battista Piranesi,1770)

12. 程博在《图像的设计生产力——瑞士类比建筑学派小史》一文，探讨了罗西在瑞士ETH 的教学，其类型学的理论和实践，以及 Miroslav Sik 倡导的类比建筑。

可见，目的、意图决定了信息的截取和呈现方式，我们常见的黑白图也是如此。诺拉的地图是将民众可以自由进出的底层空间留白来呈现城市公共空间的连续性，而罗西在 20 世纪 70 年代指导瑞士苏黎世联邦理工学院（ETH）学生绘制的村落底层平面，尽管参照了诺拉的平面绘制方法，但它不再以公共空间作为基准，而是将所有建筑都留白，描绘成了空的空间，这种做法清晰地呈现了乡村建筑的类型 [12]（图 4-45）。如同罗西的村落测绘图，我们的平面图习惯将墙体涂黑用以阅读留白的空间，从图 4-46 我们可以看到墙体成为了空间，以及面对不规则场地是如何利用墙体规划出的空间序列和房间的完形。而在埃利斯·马特乌斯（Aires Mateus）的平面图中，黑白在强调空间的内外以及内部空间的连续性，填黑的空间不仅是辅助空间，诸如楼梯间、卫生间和贮藏空间等，也包括了具有封闭特性的房间，这使得室内空间的连续性被清晰地阅读，同时与不填色的院子融为一体（图 4-47）。黑白表现的内容不同，呈现出不同的意图。

图像是激发想象的源泉，它一方面可以通过处理图的形式构成产生对空间领域的想象；另一方面可以通过图像展开对意义的探索。在海因内希·泰森诺（Heinrich Tessenow）的《起居室》一图中，空间线被特意地取消了，这一方面激起了人对空间领域的自动填补；另一方面空间也被无限延伸出去（图 4-48）。与之类似，路易吉·斯诺奇（Luigi Snozzi）利用画框的消失将空间或是构件无限地向外延伸（图 4-49）。而罗伯托·马塔（Roberto Anonio Sebastián Matta Echaurren）[13] 用线将多点透视下的不同空间连接起来，像是一帧一帧空间的拼贴，空间既有连续性同时又呈现了前后关系。同时，他用图像拉扯出意向中的天空和多重视线焦点处的场景，加之与不同人体与物组合，来构成"意向"中的图景（图 4-50）。

13. 罗伯托·马塔（1911—2002）(Roberto Anonio Sebastián Matta Echaurren) 智利画家、雕塑家。他对抽象的表现主义产生了重要影响，包括 Jackson Pollock, Arshile Gorky, Mark Rotho 和 Robert Motherwell 的作品。

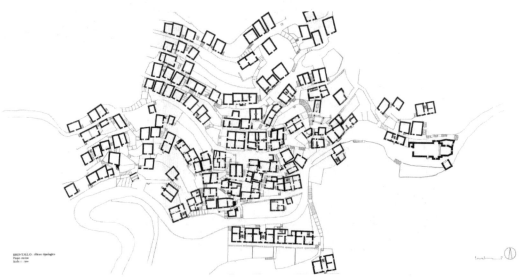

图 4-45 罗西在 ETH 指导学生的村落测绘图（Brontallo Ground Floor）

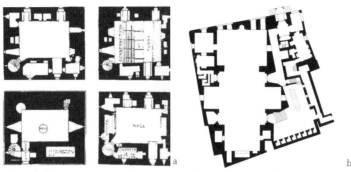
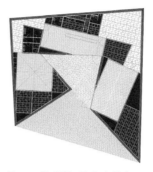

图4-46 平面图 a. Comlongon Castle, Dumfries and Galloway Scotland; b. Mosque Complex of Sultan Ashraf Barsbay

图 4-47 埃利斯·马特乌斯（Aires Mateus, Furnas Monitoring and Research Center）

图 4-48 海因内希·泰森诺，《起居室》（Heinrich Tessenow, *Livingroom*）

图 4-49 路易吉·斯诺奇，议会会议厅（Luigi Snozzi, Parliament chamber）

图 4-50 罗伯托·马塔，《无题》（Roberto Anonio Sebastian Matta Echaurren, *Untitled*）

图 4-51 （元）钱选，《秋江待渡图》

14. 待渡在中国画中是个常见的话题。王维、董源、关仝、盛懋等都曾画过此题材。

15. 屈原被放逐后，游于江湖。渔夫与屈原在讨论举世皆浊，举世皆醉时的处事方式后，渔夫将摇船走，边走边唱："沧浪之水清兮，可以濯吾缨。沧浪之水浊兮，可以濯我足。"以此来表明不必以身体、行为来对抗混沌的世界，可以身在江湖，以我心的清明来远离世事的纷扰。

皮内拉西的《战神广场平面图》和罗西的《类比城市Ⅱ》，它们是通过对"不在场"的信息重组来呈现出迥异于现实的图景，以此来激发想象。而在中国画中，是通过对"物"的意义寄托来呈现意图和想象的。在中国画中物是有意义指向的，诸如松、柏、芭蕉的出现都有其所指，而且诸如待渡[14]、渔夫在中国画中是有哲学的意味。渡同度，既是现实的渡，又有佛教中度到理想世界的意味。这就可以理解元代隐居的画家钱选在《秋江代渡图》画中描绘的场景——待渡的红衣小人、渡舟、广阔无边的水面，以及远处虚无模糊的彼岸（图 4-51）。他在描述现实的渡，静谧、空灵、悠远的同时，也映衬了作为汉民在蒙古族统治下对"彼岸"的向往，一种精神上的渡。楚辞中曾有《渔夫》[15]一篇，以渔夫形象提出人可以顺化一切，以内心的清明来应对世事的浑浊，"君子不应凝滞于物，应该与世推移，任运而行"[10]4。朱良志提出，渔夫艺术与山林隐遁的最大差别在于，"一为艰危中的性灵超越，一为逃遁中的心性自适"[10]37。在元代画家吴镇的《渔夫图卷》的题字中"风揽长江浪揽风，鱼龙混杂一川中。藏深浦，系长江，直待云收月在空"正是体现了以内心的平静来应对外界混沌的世界（图 4-52）。

在这里，图像是刻画想象的世界、陈述自身内心世界的媒介。

图 4-52 （元）吴镇，《渔夫图卷》

5 从绘画到图，从图到图绘 （From Painting to Architectural Drawing, from Architectural Drawing towards Drawing Architecture）

建筑图用以表述空间，指导建造过程，它不仅是从图到物的翻译过程，也包含一个从思考到表达的过程。这中间不仅涉及从图到物"不可转译"的属性所导致的"内在指涉的局限性"，也包含了从思考到表达这个阶段所具有的"内在呈现的局限性"。从绘画到图，从图到图绘，就是试图通过"再现"，通过截取、叠加、越界，从叙事、认知、体验、意图和想象的角度去完善这两个局限性，使思考、图与建筑物三者之间可以建立更为密切的连接，使建筑图不仅是技术、沟通、解释和呈现的文本，同时它也在构建文本。

学生作业
Students' Projects

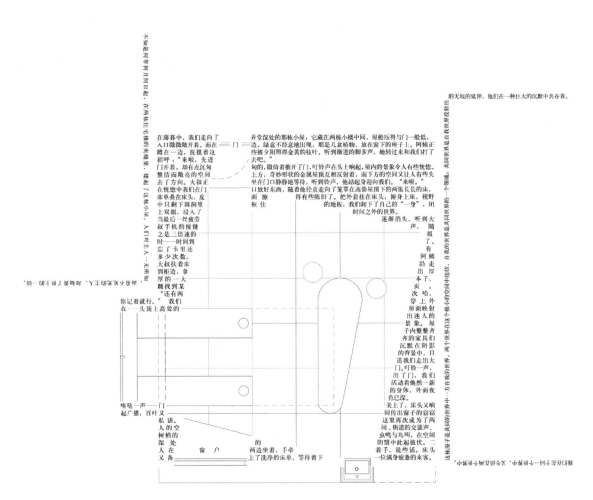

在薄暮中，我们走向了入口微微敞开着。而在——门——蹲在一边，抚摸着这招呼："来喽，先进门开着，却有点沉甸整洁而敞亮的空间去了方向。大叔正在恍惚中我们在门床单叠在床头，皮中只剩下圆洞里上双眼，浸入了当最后一丝疲劳叔手机的按键的时——时间到之是三倍速的忘了卡里还多少次数，大叔扶着床到柜边，拿厚的一大翻找到某"还有两你记着就行。"我们衣——头顶上高耸的

弄堂深处的那栋小屋：它藏在两栋小楼中间，屋檐压得与门一般低，一边，绿意不经意地出现，那是几盆植物，放在窗下的座子上。阿姨正些被夕阳照得金黄的枝叶。听到渐进的脚步声，她转过来和我们打了去吧。"

句的，微倚着推开了门，叮铃声在头上响起，屋内的景象令人有些恍惚。上方，奇妙形状的金属屋顶互相反射着，而其下方的空间又让人有些失坐在门口静静地等待，听到铃声，他站起身迎向我们。"来喽。"口放好东西，随着他经直走向了笼罩在高耸屋顶下的两张长长的床，面擦得有些陈旧了。把外套挂在床头，俯身上床，视野的地板，我们卸下了自己的"一身"，囿时间之外的世界。

逐渐消失，听到大声，随报了。有阿姨沿走厚出本子，次哈，穿上外屋面映射出迷人的景象。屋子内整齐齐的家其们沉默在阴影的背景中。日送我们走出大门，叮铃声一声，出了门，我们活动着焕然一新的身体，外面夜色已深。关上了，床头又响间传出窗子的窃窃这里再次成为了两间、街道的交谈声、虫鸣与鸟叫，在空间阴翳中此起彼伏。二着手，说些话。床头一位满身疲意的来客。

喀哒一声响——门起广播，百叶又私语。人的空树梢的深处人在窗户的两边坐着，手牵又备上了洗净的床单，等待着下

的无垠的延伸，他们在一种巨大的沉默中共存着。

王皓宇（2021）

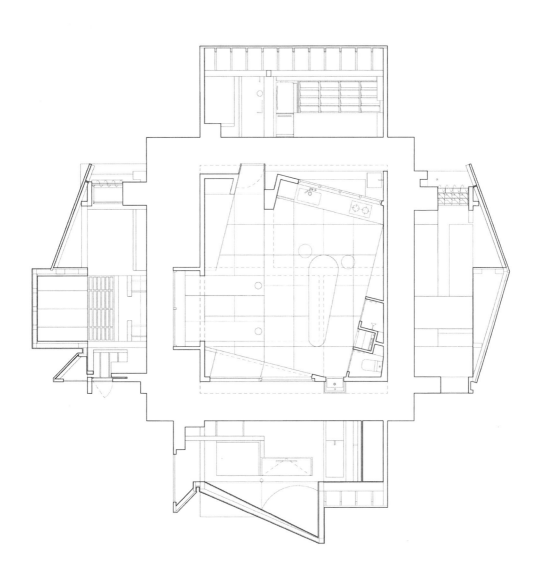

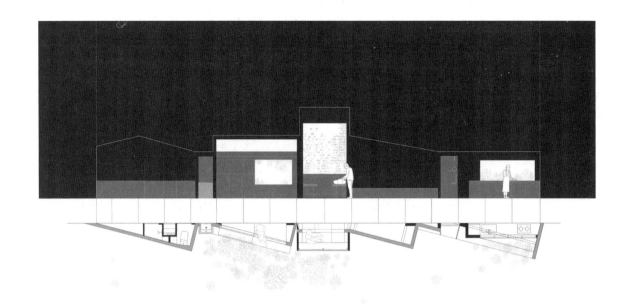

furniture disposition and imagination

continuous interface

different understandings

王皓宇（2021）

Sources of inspiration

clients

The hypothetical clients are two masseurs I know.

When I first visited their house, the hostess was sitting in the yard, watering the plants. This unusual scene shocked me and I realized that I never thought about a way of life without vision. That was the start of my thinking.

Richard Long's photography shows a straight line through repeated walks in the Sahara Desert. A line delimits the earth and represents a path.

In the pre-practice of 'wall construction', I made a thick wall with hidden stairs. It separated the space on both sides and established the connection between the upper and lower space through the stairs.

This understanding is given practical significance because of the physical differences between blind and sighted people. A 'line' – which can represent many elements – is more of a separation of space for the sighted, and for the blind, it represents a connection between the ends established through the surface.

'line'

In the blind´s home, furniture is placed orderly against the wall. While furniture becomes the extension of the wall surface.

Borges drew a self-portrait in the form of a line after blindness, which was difficult to understand when we looked through our eyes. If you move your finger along complex lines, you may gradually understand the significance of this painting.

In relevant artworks, the scenes they appear are often dramatic, sometimes bathed in the sun, listening to the wind or music. I saw such a massager in a massage shop. He listened to music and his expression was full of intoxication.

atmosphere

Study of Spatial Definition

The identity of the blind massager determines the approximate area and construction method of this scheme. I use the square as a spatial prototype to discuss the superposition of multiple living forms brought by the identity of characters.

In this planimetric diagram, the simplified graphic plane is a way of discussion. The point represents the column, the line represents all possible architectural elements: wall, glass, ground elevation difference, roof, curtains, etc. (There is no high wall that will completely separate the space).

The two different living forms are intertwined in the same small space. In reality, they are the superposition of private home life and public production life. And in imagination, they are the superposition of the external world and the self-world.

Behaviorally, public and private life revolves around massage beds. Clearly defining the field in a small house can help customers better understand the space they should use, and ensure the appropriate personal use of the blind massager.

4

5

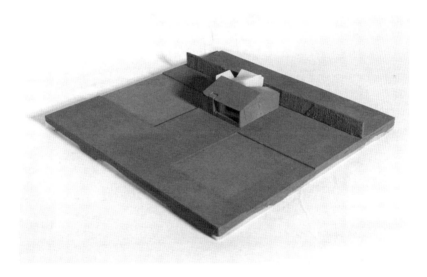

缺席的存在：亡者之家

现实　虚无　**消逝**　永恒
呼吸化为空气　温度　短暂　平静

空旷的土地上
前方是通向　**往生**　的路径
路径和厚厚的边界相交
缺口　"走"向了消失更快的一侧

塔指引着方向
"**基座**" 是往生者的　**归处**
悬挂高处的居所　使者
接回　往生者

透过缺口
高度遮挡了视线　**距离**　带走了感知
弯曲且漫长
临近终点
暗示　**双层边界**　的开口
边界合一处是一道门
开口与门并置出现
门后是一个　**完满**　的世界

周围的环廊　窄且高
环廊里　**寄存**　了往生者的信物
在屋子中停顿
面向　天空的窗子
这里是远行前的　**聚会**

下方通道　偏向一侧
树木出现在侧上方　半下沉的　**院子**　里
侧光打亮了前行的路
远方是往生者的归处

从一侧开门而进
头顶倾斜的光　偏向内院的窗户　角落凸起的　**壁炉**
这里是远行后的　**家**

半下沉的空间
身影逐渐消逝在　**壁炉**　中
空气和温度则逐渐向上飘散
寄回消逝的凭证
放在无尽的环廊

姚子意（2021）

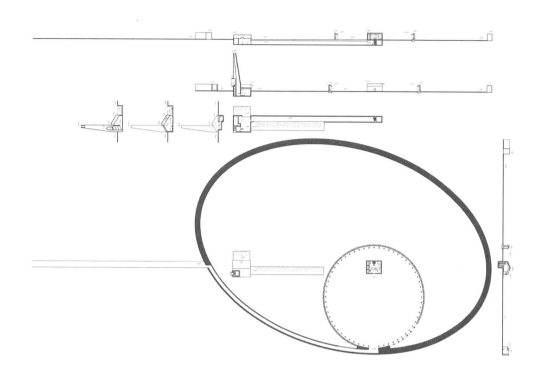

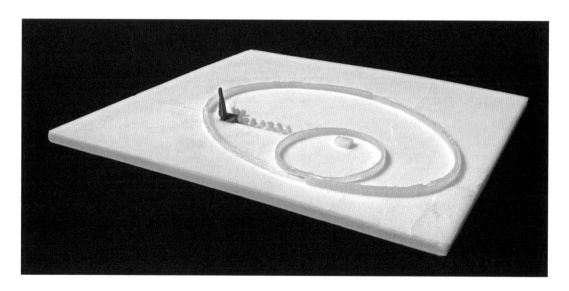

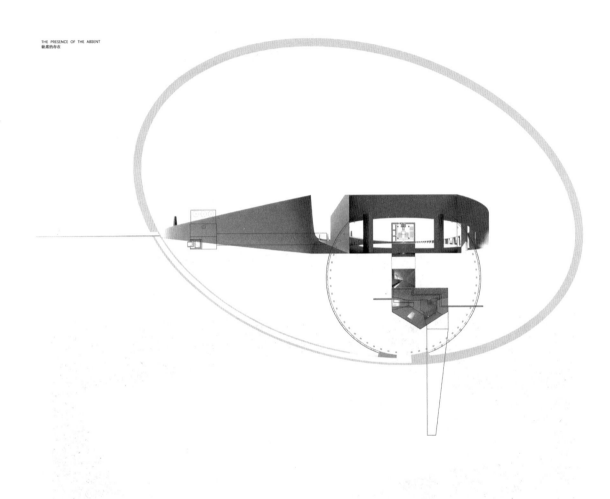

THE PRESENCE OF THE ABSENT
缺席的存在

姚子意（2021）

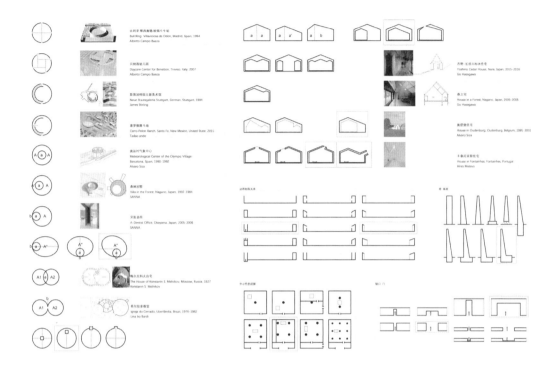

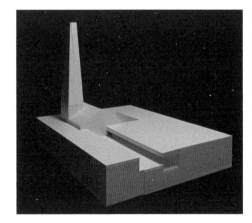

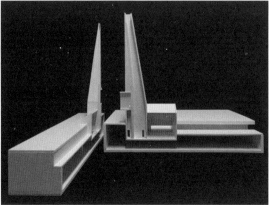

疏离的"亲近"：祖孙之家

宁静 | 远离 | 自然

顺着悠长的土路，走到村子的末尾
在野林与河水相接的角落
安置了小院

院外
面向野林的亭子，围坐敦实的石桌
谈笑，品茗，
这是接待村中人的"乐"所

穿过厚重的石墙，顺着悠长绵延的矮廊
目光所及，
是逐渐隐没的围墙，衬着浸没而入的绿

转折再转折，在野林和田地的间隙中
到了她们的居所

推开折门，透过窗
树林，河流，田地，花圃，老井，秋千，动物，蔬果……
悉数涌入进来
这，是两个人的家

拾级而上，经过葱郁的一角
轻探入野林
到了暗房
墙壁上的胶片是联系周遭的媒介
继续深入，
三面高墙，独向绿色的小院
时而回头，
瞥见闲坐在楼下的奶奶
这，是一个人的"居所"

父母走的时候，她还很小，小到记不得是几岁了，她只记得，是祖母收留了她。

长大些，她便外出打拼，以摄影为生，坎坷艰辛，她也乐在其中。直到前年，祖母年岁渐长，身体抱恙。为了照顾祖母，她回到村子里，过着隐居的生活。

虽在村中，除了日常劳作，最大的兴趣还是摄影，她希望将美好的日常记录下来，拍摄一个又一个视频来留念，发到网络上，喜欢的人很多，也在闲时，用她最喜欢的胶卷相机拍下一个个美好的镜头，再到暗房中一张张洗出来，或会寄给那些喜欢她美好生活的人，或挂在墙壁上随意欣赏。祖母日常坐在椅子上，也会不时看她拍的照片，那些照片记录日常未曾发现的美好，也记录了陪伴的美好时光。她清理了二楼的房间，大的当作摄影，小的作为暗房，她喜欢散发淳朴气息的物件或是自然气息的植物，经过精心的不同角度的打光，在纯净的背景下呈现的感觉，这里在晚上，也会成为她投影的地方，或是欣赏自己剪辑的视频，照片，或是看一着剧集，在二楼，她也拥有一方小小的院子，有些高的墙，她时常在这里思考。为了照看祖母，她在摄影时，也时不时望向祖母，祖母时而望着屋外，时而笑望，看向摄影的她。

祖孙二人，隐居于此，自给自足，四季更替，适时而食。

张翰学（2021）

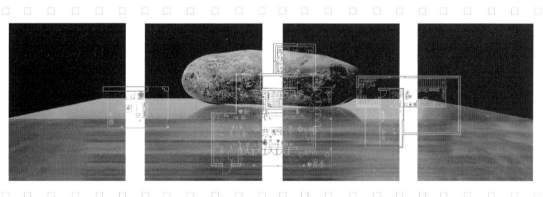

重刑犯之家

Death of Felon at Home
重刑犯的家

白和黑组成一天，遗憾的是，对他来说，只有 **黑暗**。有光进来的时候，他像一个展品，被人观赏。

微弱的自然光从床边的侧窗里渗进来，似有若无，这根本不是什么窗吧，他想。窗外的东西离得很 **远**。

但当他躺下的时候，又觉得离得很近，仿佛有千万双脚和厚重的泥土要 **覆盖** 上他的身体。

早餐从门旁的 **小窗** 里递进来，那扇只容得下几个碗的小窗别无二用，他从未见过送餐的人，但他心里觉得大概是个善良淳厚的人吧。

空空的房间不如说是个厚重的帐篷，没有桌子，没有椅子，他坐进 **墙里** 睡觉的小窝，觉得靠着坚实的东西才有安全感，然而时间久了他也觉得自己像标本盒里的昆虫，可能会在这个墙里定格，可是除了躺在这，他无处休憩。

早餐过后，大概是周边广场传来 **喧闹** 声，每天都在固定的时间出现这样的声音，他很羡慕，这也是他一天中为数不多的期待的时间，他感到自己似乎有人陪伴，尽管他根本不能加入。

人声散去，隐约地，他能听到 **浪花** 击打岸边的声音，他又是一个人了。

除了窝在床上，他只能通过门上的小窗看向外面，那是一条很 **长** 的走道。

看不到其他人，和他走进这间屋子的时候一样，孤独和冷清。路的尽头是一扇门，很 **远**。

有人长久地站在门上的屋子里 **看着** 他。

这令这扇门，离他 **更远** 了。

杨秋雨（2021）

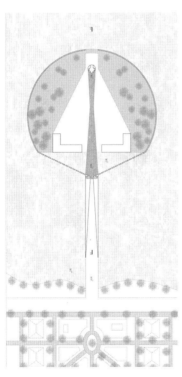

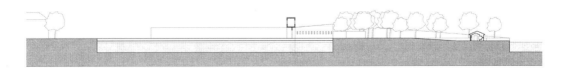

拾荒者之家

这里，是人们避而不谈的禁忌之地，是一切代谢轮回的最终归宿，是被城市折叠起来的避光秘密。
这里，住着一群异乡人，他们为这个巨大的城市不停地服务着，也被遗忘着，忽视着，冷眼着。
可是他们，想要有尊严地生活，想活在光明和芬芳里，想寻找自由的灵魂来站立……

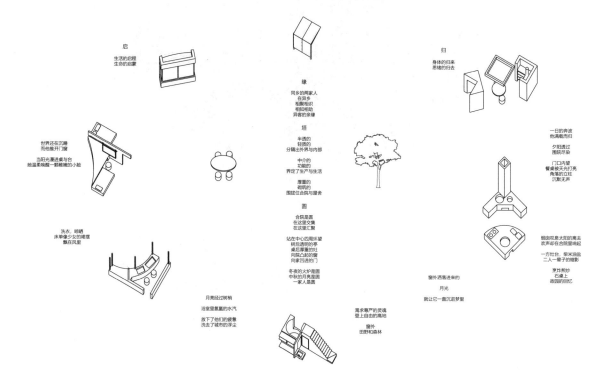

启
生活的启程
生命的启蒙

世界还在沉睡
而他推开门窗
当阳光漫进桌与台
她温柔唤醒一颗稚嫩的小脸

洗衣，晾晒
床单像少女的裙摆
飘在风里

缘
同乡的两家人
在异乡
相聚相识
相助相助
异客的亲缘

垣
半透的
轻质的
分隔出外界与内部

中介的
功能的
界定了生产与生活

厚重的
砌筑的
围拢住合院与屋舍

圆
合院是圆
在这里交集
在这里汇聚

站在中心四周环望
树后透明的亭
桌后厚重的灶
向院凸起的窗
向家凹进的门

冬夜的火炉是圆
中秋的月亮最圆
一家人是圆

月亮经过树梢
浴室里氤氲的水汽
放下了他们的疲惫
洗去了城市的浮尘

窗外洒落进来的
月光
就让它一直沉进梦里

渴求尊严的灵魂
登上自由的高地
窗外
田野和森林

归
身体的归来
思绪的归去

一日的奔波
他满载而归
夕阳透过
围院尽染
门口内望
餐桌被天光打亮
角落的立柱
沉默无声

烟囱叹息太阳的离去
欢声却在合院里响起
一方灶台，柴米油盐
二人一辈子的缩影
爆炒煎炒
石桌上
故园的回忆

陈明远（2022）

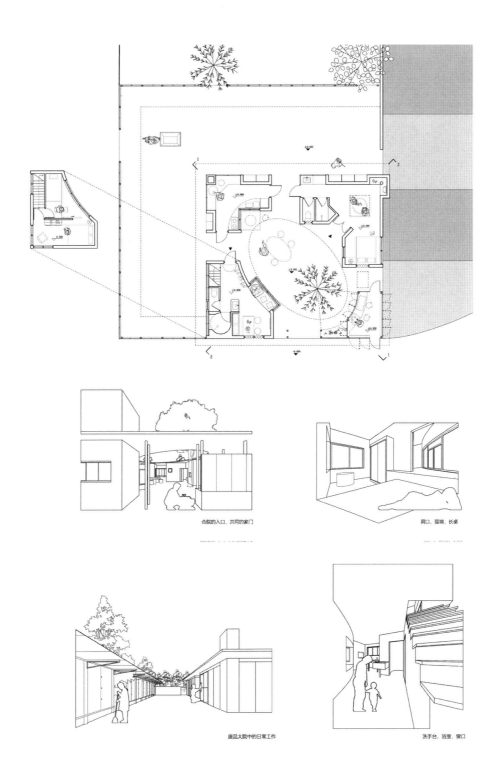

合院的入口，共同的家门

洞口，弧墙，长桌

废品大院中的日常工作

洗手台，浴室，窗口

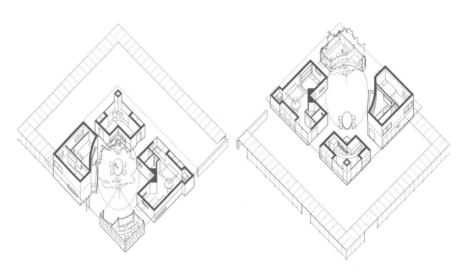

陈明远（2022）

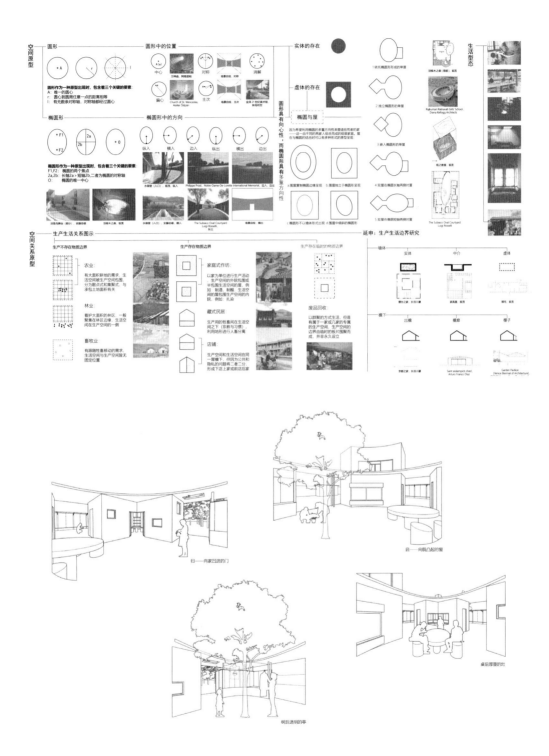

她 共 进 早 饭 母亲早起和儿子一起吃早饭，他们为数不多能在一起的时间

她 远 远 注 视 母亲时常在自己的小客厅里看着直播的儿媳，尽管她对于电子设备一窍不通

她 常 常 聚 会 母亲经常会请以前的朋友来家里，不然一个人的生活总是很艰难

母亲早起后，儿子出门前，都会在父亲的遗像前点香 他 们 常 常 给 它 点 香

父亲的遗像正对着母子饭后聊天的地方，还有一棵树 它 注 视 着 院 子 的 母 子

母亲和儿子在院子里留下了以前家里父亲常坐的椅子 他 们 怀 念 和 " 它 " 在 院 子 的 时 光

他 外 出 时 点 一 炷 香 丈夫很敬重已经过世的父亲，总是会在出门前点一炷香

他 在 二 楼 注 视 着 妻 子 丈夫晚上在家工作时，常从二楼看下去，看见光也会让他安心

他 在 院 子 里 和 母 亲 聊 天 丈夫在晚饭吃过后会和母亲在院子里聊天

直播的背景是家的一部分，被选择出来放给观众 " 它 们 " 看 到 了 主 播 的 家

厨房是生活的核心，而院子是家中独特的景观 " 它 们 " 看 到 了 厨 房 和 院 子

家中还有更加私密的地方不能被展示出来，每个人都有自己的生活 " 它 们 " 好 奇 家 里 的 其 他 地 方

她 的 卧 室 直 通 直 播 间 妻子可以在卧室里梳妆打扮完后，通过螺旋楼梯直接到达她的直播间

她 的 背 景 是 她 部 分 的 家 妻子的家的一部分作为直播背景如实地呈现给了直播间的观众

她 穿 过 屏 幕 向 外 看 去 妻子休息的时间，会习惯向外看去，缓解长时间直播带来的疲劳，但并不希望人们看进去

张亚凡（2022）

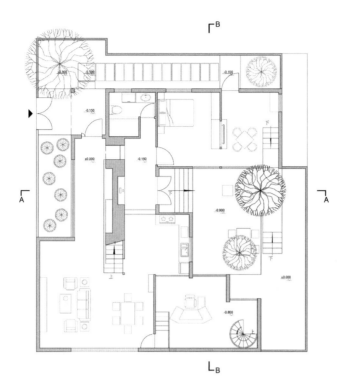

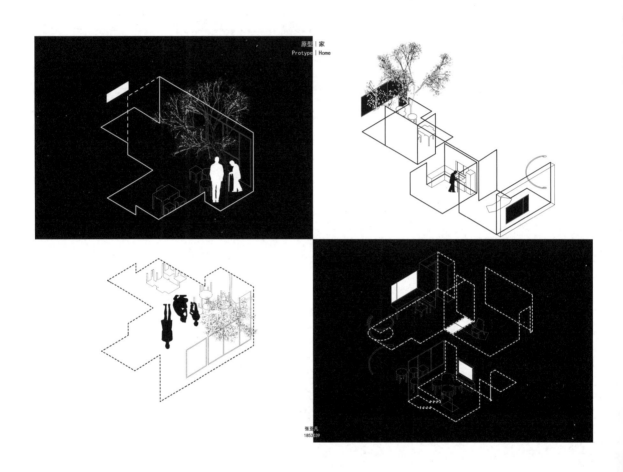

原型｜家
Protype | Home

张亚凡（2022）

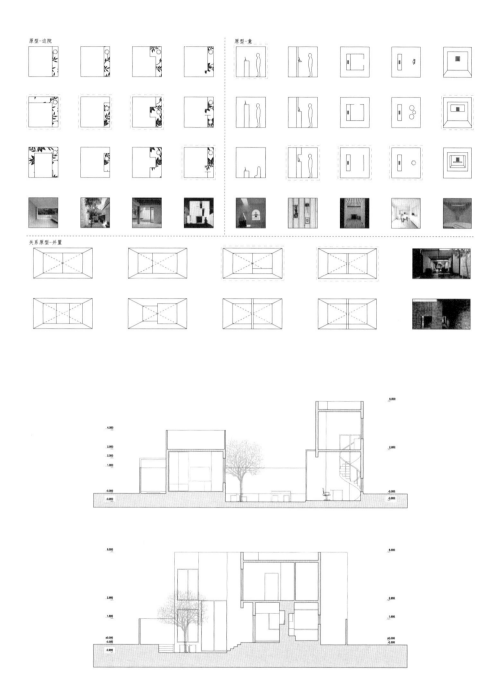

H within
COFFEE SHOP
M
E
家中的咖啡馆

咖啡馆

广场的一侧
矮丘的山脚
一层处连接着广场
半层处衔接着山坡

书吧

柱廊连带着高挑的内院
围绕着一层的透明的书吧
经由一道楼梯向上去往咖啡厅
楼梯下是隐秘的归家之路

咖啡厅

在半层的高度上
伸入山林
连通了后山的广场
并置了室内与室外

忙碌于此的主人夫妇
这里是家的生活延伸
所来之客皆是友
熟知或未曾谋面

热情开朗的女儿
这里是招待朋友的小客厅

专职设计的弟弟
这里是汇报协商的会议室

卸下生活重担的母亲
这里是闲坐守望的门厅

家

承接上一段记忆
开启下一段期盼

厨房与餐厅

母亲的常驻之所
凝聚着家的气息
开敞 灵动
可以容纳整个家庭一起进行料理

女儿
在餐厅的吧台闲坐
陪伴着忙碌的奶奶

主人夫妇
在楼下的柜台
可以轻松接收到上方母亲的呼唤

地下室

弟弟的工作之所
安稳沉静 远离喧嚣
光线被束缚
时间随之被淡化

女儿眼中的神秘之地
以自己独特的尺度
探索其中
在不起眼的角落
躲避世界

母亲
轻轻走来
留下点心和茶水
稍稍观望
悄悄离去

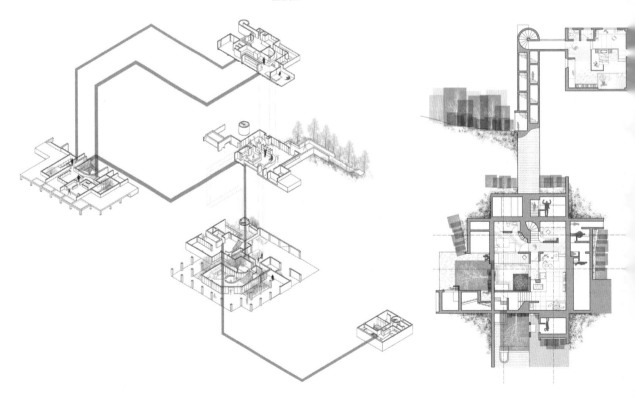

彭睿阳（2022）

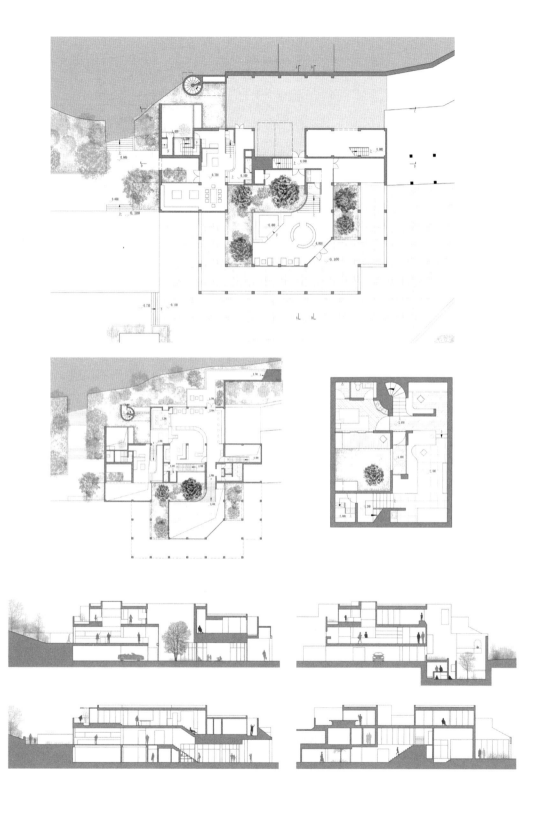

飞行员之家

不完整的等待｜飞行员的家
等待 归家 陪伴

离开是不舍的 　黑色的 背影
　　　　缓慢 的步伐 　是女儿眼中的爸爸

飞行是神往的 　向往的 天空
　　　　紧张的 起降 　是儿子眼中的父亲

少一个人的家是忙碌的 　排练室中 写歌 排练
　在厨房中准备 三餐
　　看护 起居室的孩子 　是孩子们眼中的妈妈

等待是漫长的 　写下留言学习 跳舞 喜欢音乐
　读书学习 眺望 远处飞机起落
　　排练 演出 关注天气照顾孩子 　是三个人的生活与等待

归家是急切的 　窗户里渗透出的 灯光
　等候在 房门 口的家人
　天气板上温馨的 留言 　是飞行员眼中的家

团聚是温馨的 　在客厅中 陪伴 孩子们玩耍
　在楼梯上享受 渗入 的阳光
　在花园里 观看 妈妈的表演 　是完整的家

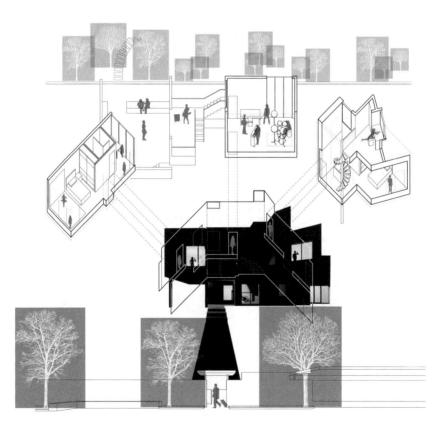

钟雍之（2022）

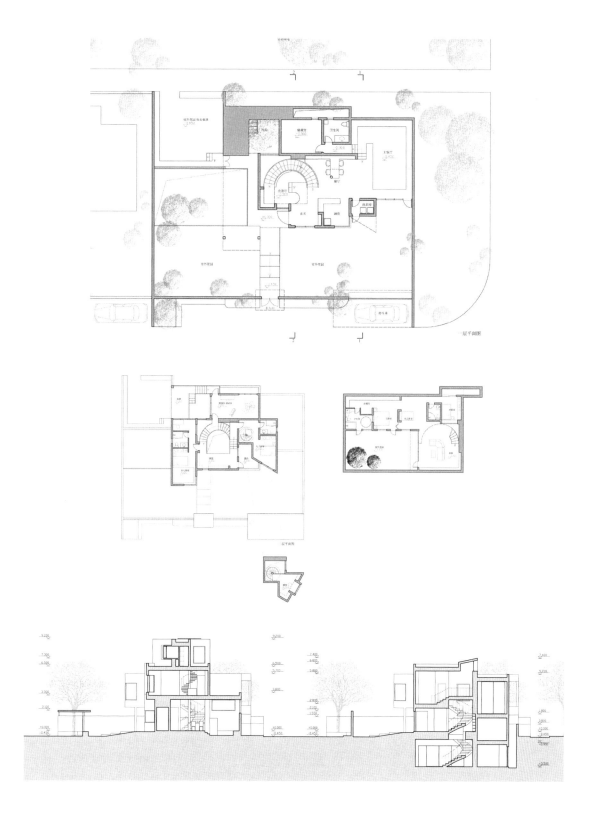

一层平面图

层平面图

伐木者营地之家

厨师 一早起床
天未亮 早餐已备好
敲击的 三角铁 唤醒不语的人
熹微的光照亮 烟囱
将熄的炉火 在上工前燃尽最后的热
伴着 无声的 早餐
铁匠铺里的声响被延伸到 广袤的深处
斧头凿出龛窟 树干在吆喝声中应声而下
又开始出现一片新的 空白

马匹把木材拉到 河边
然后趁着铁匠铺 炉火 的余温入睡
斧和锯 也在此停下

多年
这片空白又 被实体填充
人和三角铁 来了又走
原本的屋架 散落在地
只留下原本 堆砌的石座
成为 探险者的乐园

落叶深处 突然的一片 空白
遗落的 树墩 上
将成为雪中 临时造访的家

白天——黑夜　分属边界　外——内

黑 笼罩的广袤实体 出现引人聚集的 火光
檐下 抖了抖一天的雨雪和泥巴
屋檐下的 斜墙 循着它 炉火 正旺
又到了热闹的晚餐
屋架的行列间 成为音乐家和他们的餐厅
火炉的温热 逐渐从餐室浸入居室
斜角攒尖的屋下 围绕小火炉欢聚
伸出的边翼 传出窃语的说笑
梢间的斜撑 包裹着人入眠
热闹开始归于沉寂

被孤立的喘息者 留在餐室
守着 炉火 静默
也出去守着 树墩 呆坐
然后回到 壁龛 一样的角落
等待三角铁的再次想起

黄思然（2023）

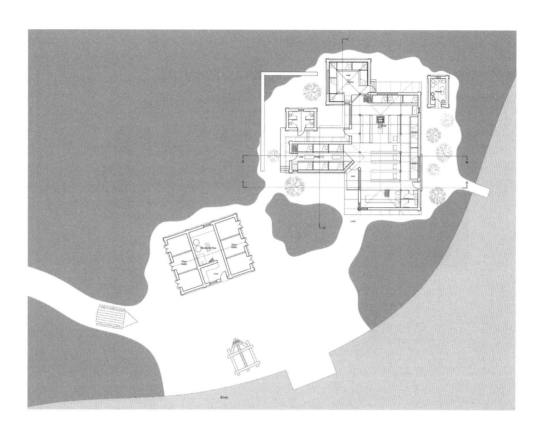

黄思然（2023）

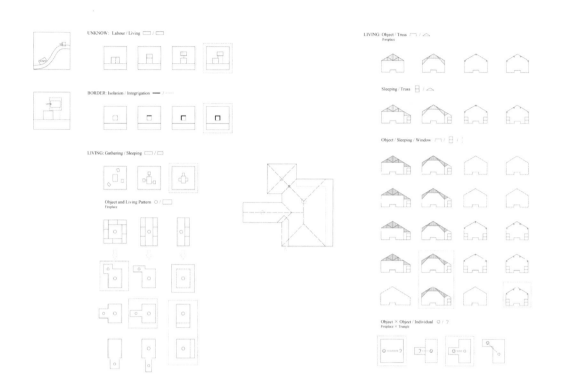

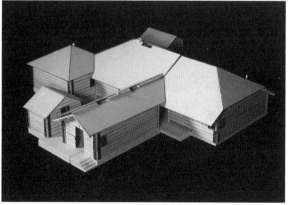

少年犯之白日梦

少年犯的白日梦

06：20

做完早操，准备吃饭劳动，
起床非常困难，监室的床不舒服。
让人有种宿醉的感觉，到家我就想抱着脸盆吐。

2018 年 1 月 12 日

在少管所一周了，每天都睡不好。
我不想睡在逼仄不见光的监室里，
我想要睡在大床上，早晨被阳光唤醒。

08：40

旁边那人得知今天有人来探视他，已经乐了半个小时，
我不懂家人来看有什么开心的，
还隔着一堵铁窗，又不能出去。

2018 年 2 月 28 日

这已经是进来的第八周了，仍然没有家人来探视我。
过去他们也只在意我晚上是否回家，
以后他们能知道我是否回家就已足够。

10：25

在干活时发呆被管教抓住了，被单独安排了更多工作，
被人盯着的感觉很不好，
我想逃走。

2018 年 5 月 14 日

已经进来了近五个月时间，时刻感觉背后视线火辣，
等出去了我避开视线，
且随时看到家中生活的一切。

12：15 8 月 28 日 2018 年

工作完连手都不能洗，我还不如在路上跑的摩托车干净。
刚刚蹲在地上吃了午饭，所有人蹲成一排，不许交头接耳，
我想坐下来吃饭。

现在已经在这里待了近八个月了，在这里没有自由没有尊严可言，
以后一定要多和朋友们在家欢聚，可以面对面、无拘束地谈天说地。
摩托车洗净就停在门口，随时可以逃"离"。

15：05

坐在教室里接受义务教育，虽然仍被管教盯着，
还是多少让人松一口气，但不能**呆在角落里**看漫画。

2018 年 9 月 21 日

在这里已近三百余天了，每天都在期待看书时间，
我想有一个小小的读书城堡，抬头能看到天。

22：20

回到监室，黑暗向我无限地延伸，
厚重的砖墙压得人透不过气，
我看不见光亮。

2018 年 11 月 4 日

在这种机械的生活里时间的计算都模糊了，
如果能出去，我希望我的家被朦胧包裹，
透着迷人的光亮。

夏逢霖（2023）

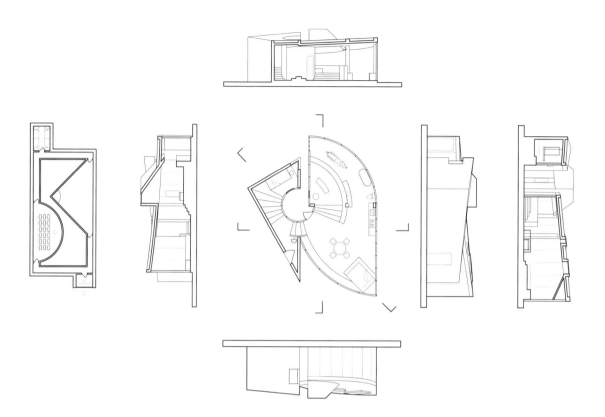

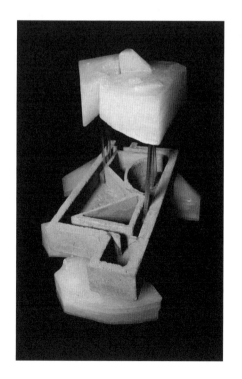

夏逢霖（2023）

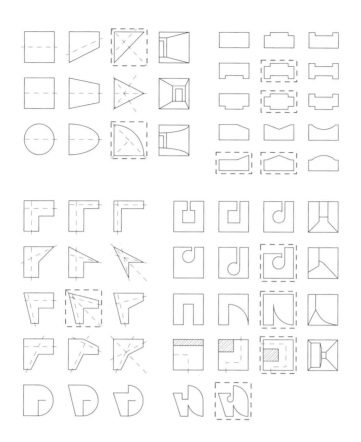

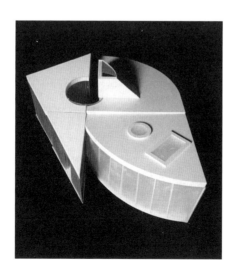

自闭症患者之家

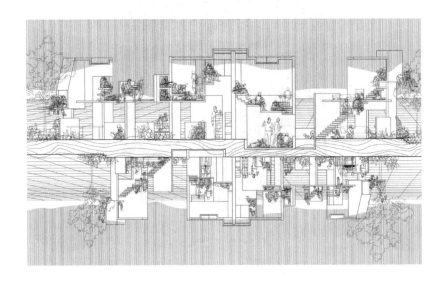

阴影，阳光
触摸树干
摘下叶子
向前
进入的树枝
树上的阳台
跳跃的楼梯
向前
窗户和门的客厅
之中的光
向前
躲避太阳，远离阳光
树林
向前
我

阴影，阳光　医与患的交谈　伸入的城市　向左　外延的浴池　一起，同时　父与子的卫浴　向左　圆的　背后的光　向左　躲避太阳，远离阳光　屋外的餐椅　向左

向右　延长，突出，跑步　向右　楼梯的源　趴下　镜子里的外面　向右　方的　斜前的光　向右　新的屋顶光　远离太阳，远离阳光　躲避太阳，远离阳光　向右

躲避太阳，远离阳光
钢琴，水池
向前
躲避太阳，远离阳光
之中的光
向前
没有尽头的楼梯
向前
跳跃，楼梯
树藤
向前
树杈
交接
阴影，阳光

唐子涵（2023）

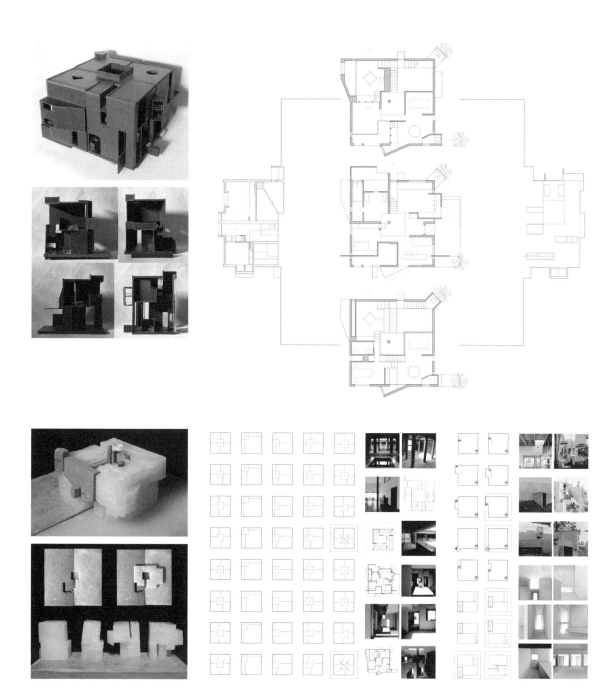

入殓师之家

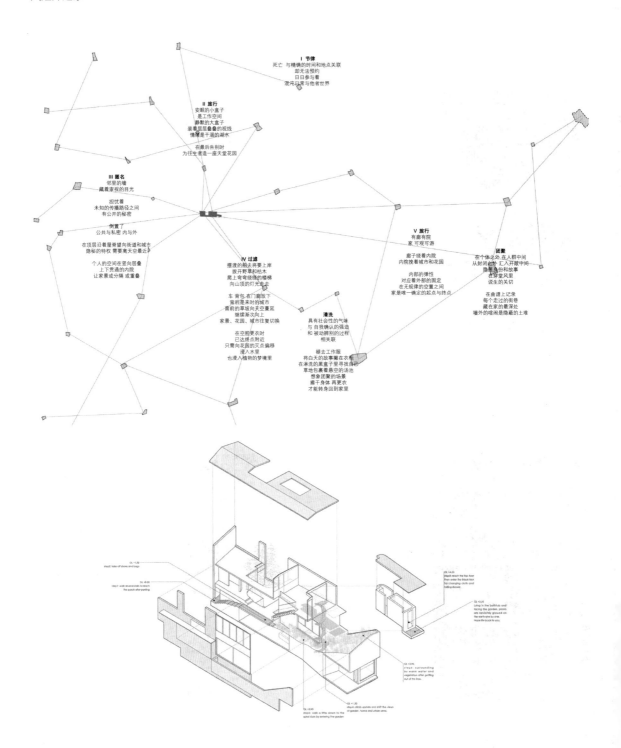

I 节律
死亡 与精确的时间和地点关联
却无法预约
日日参与着
混沌日常与他者世界

II 旅行
安眠的小盒子
是工作空间
静默的大盒子
装着层层叠叠的视线
情绪是干涸的湖水

在最后告别时
为往生者造一座天堂花园

III 匿名
邻里的墙
藏着窥视的目光

担忧着
未知的传播路径之间
有公开的秘密

倒置了
公共与私密 内与外

在顶层沿着屋脊望向街道和城市
隐秘的特权 需要离天空最近

个人的空间在竖向层叠
上下贯通的内院
让家景或分隔 或重叠

IV 过滤
摆渡的船夫将要上岸
拨开野草和枯木
尾上弯弯绕绕的楼梯
向山顶的灯光走去

车背包 在门廊放下
背后是来时的城市
面前的草坡向天空蔓延
继续渐次向上
家景、花园、城市往复切换

在空腔更衣时
已达终点附近
只需向花园的灭点偏移
浸入水里
也浸入植物的梦境里

清洗
具有社会性的气味
与自我确认的强迫
和被动辨识的过程
相关联

褪去工作服
将白天的故事搬在衣服
在淋洗的黑盒子里寻找自己
草地包裹着悬空的汤池
想象团聚的场景
擦干身体 再更衣
才能转身回到家里

V 旅行
有廊有院
家 可观可游

廊子绕着内院
内院挨着城市和花园

内部的弹性
对应着外部的固定
在无规律的空置之间
家是唯一确定的起点与终点

团聚
在个体之外 在人群中间
从封闭起外 汇入开敞中间
隐匿着身份和故事
在穿堂风里
说生的关切

在曲谱上记录
每个走过的街巷
藏在家的最深处
墙外的喧闹是隐藏的土堆

张子涵（2023）

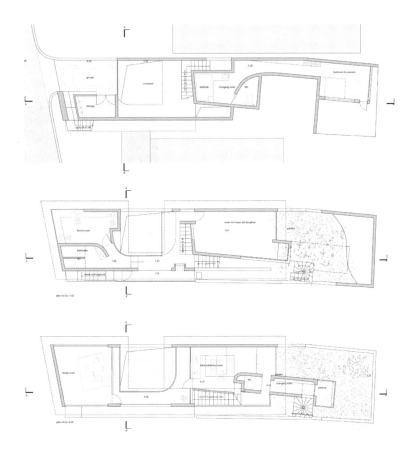

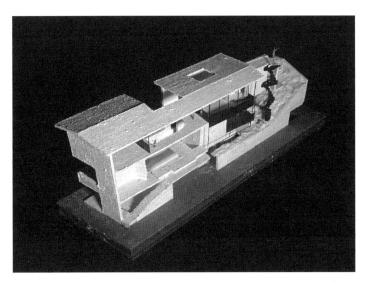

单人居住的家

········ 单人居住的孤立状态：
········ 与社会疏远的 / 从家庭析出的

空间关系捕捉了人的领域关系，在单人居住的家的领域，它独立于社会连接和家庭组织而存在。领域关系赋予家的特性是家的日常性，它建立起行为与空间的关系——家具表达了生活的样式，人的"使用"行为预备在家具中：对家具的"恢复原貌"是生活的基本内容的起点，他以"打扫干净"为由开启生活。

Teju Cole
"Golden Apple of the Sun"

家中的社会 / 私人区分

········ 暂停 / 停驻

不论从暂停休憩还是作为一个"生产车间"来说，日常生活领域都无法摆脱社会施加的影响。私人领域的活动预先承担了社会功能。家受到私人领域的保护，却不是社会的孤立物，也不与单个的人对等。它的运转有赖于机器，它默许机器占有人的空间。机器像仆人隐藏在家的背后，所行使的功能只是日常生活的前奏，它召唤了孤立和幽闭的所在。与机器共处的人，被囊括在生活的短暂瞬间，以至于他只有从暂时停留的位置被驱出，或者忘形于移动。

John Hejduk
"The House for the Inhabitant who Refused to Participate"

家的两面性

········ 暂停 / 离开

机器守据着生活的背面。人与机器的境况是一个共同的领域，他与家宅合作以为以继生活，他们共同组成了生活的时间。劳务分工把家务推入消耗性的位置，并破坏了家庭成员的平等关系，因为它耗散时间。单独生活的人，唯有在他的生活与习惯的内部去面临这种外在的时间。"恢复原貌"将人带回了这个乏味的核心过程。

Merja Salonen Di Giorgio
"Roihupelto – Pompeii"

叶俊辰（2024）

1. 空间 | 权属

情景化的文本会告诉读者，身体的位置总是一种有目的去描摹人物关系的位置，置之于空间的中心还是角落，还是用家具去限定他，知觉的体验常常跟随而变动。而家的主人兼有相对于空间和用具的两种主人身份，空间固有的尺度、光与空气是行为的面具，使用方式的改变影响了作为家的感受。

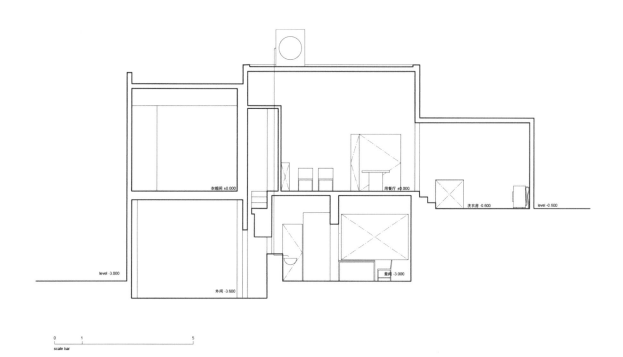

level -3.000

衣帽间 ±0.000

外间 -3.600

用餐厅 ±0.000

洗衣房 -0.600

level -0.600

卧间 -3.000

0   1   5
scale bar

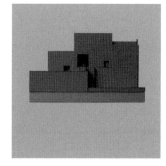

2. 层叠 | 空气

层叠关系原型将人的视线引向空间的<u>尽端</u>，在层叠的空间中往来的视线是<u>对等</u>的，空间的核心与空间的外部被对等起来。日常生活的<u>弱势行为</u>在这个原型图示中往往是缺席的，这些边缘化的对象，既难以被作为<u>核心内容</u>呈现在空间内部，又难以作为一个外部被揭示在空间的边缘部分，取代风景的位置。

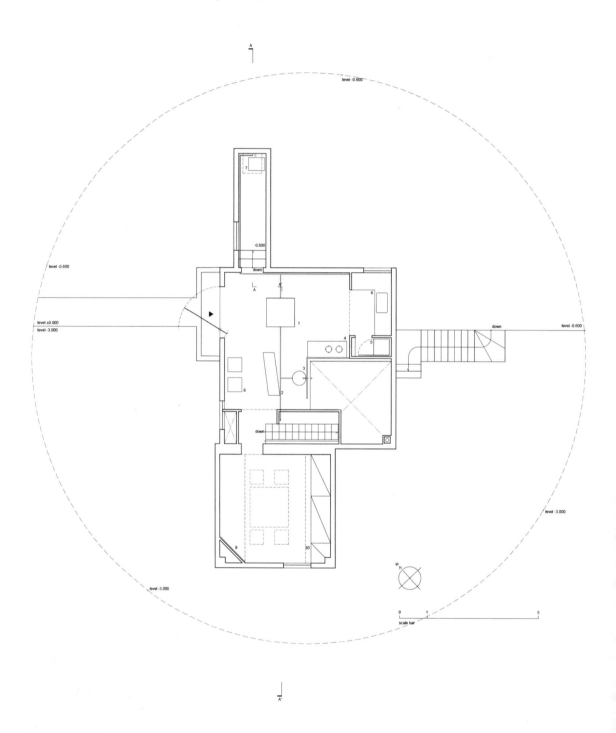

叶俊辰（2024）

1 餐桌
2 吧台
3 清洗池
4 灶台
5 冰箱
6 洗碗池
7 洗衣机
8 靠椅
9 穿衣镜
10 衣橱
11 洗漱台
12 热水器
13 淋浴器
14 坐便器
15 火炉
16 日间床
17 空调
18 外机
19 书桌
20 时钟
21 床榻
22 边柜
23 热水

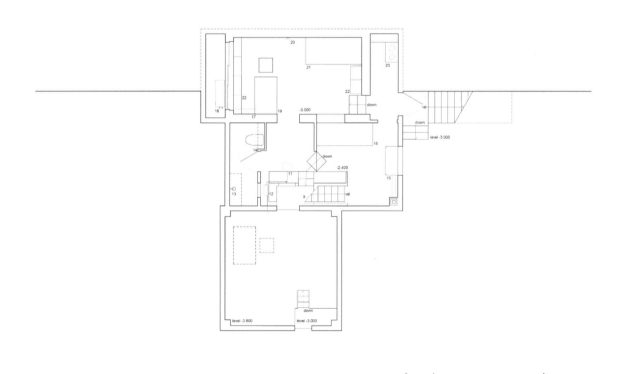

3. 日常 | 机器

家的行为领域可以划分为：身体停驻的日常生活部分；满足功能操作的需要而临时处在的机器部分。处于机器部分的人即从日常生活的领域消失——通过将空气／机器作为层叠关系中的亮点再现出来，暂时行为始终存在于日常生活的领域，它的显露不再有赖于功能操作的密切接触。

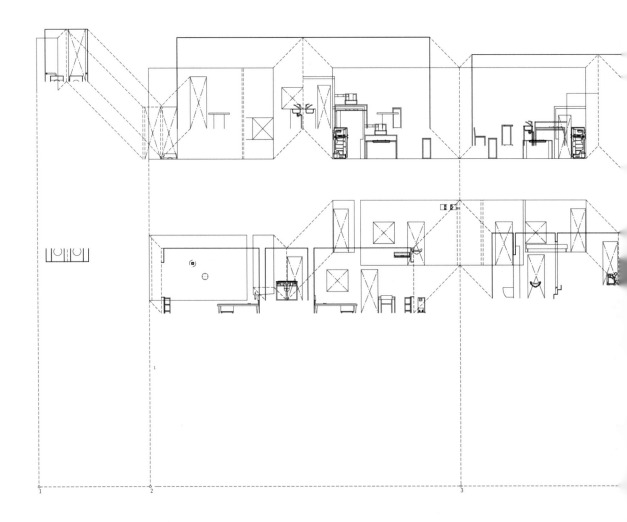

叶俊辰（2024）

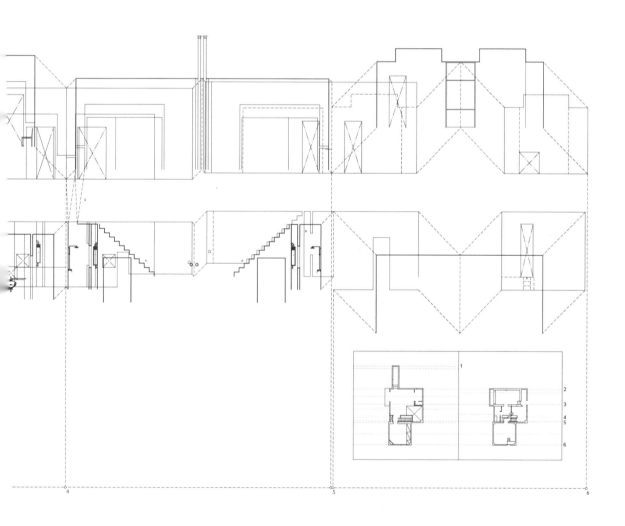

老院之家——托管儿童与乡村老人之家

Home for young & old
老院之家——托管儿童与乡村老人之家

东太行山脚下，镇子上密密麻麻的砖瓦房里，藏着一个老院。三台院的格局，青砖砌的墙，长了几十年的枣树，和一口青石板的水井。时间走过一甲子，男女主人也添了白发，从远处的麦田中撤回来，坐到枣树下，开始合计怎样度过剩下的时间。

顺着男主人的工作台看过去，老院就在矮矮的孩子们放书包和作业的桌子后面、墙角之间。能看到枣树的树干和后面的厨房的一个窗户，女主人有时候坐在枣树下择菜，有时候在厨房水盆洗东西，有时候又在厨房前面的空地上晾衣服。其实女主人这边也能看见男主人的工作桌和桌上一直亮着的红色烤漆台灯，只不过屋子里的看不真切。等孩子进来，男主人把灯拧掉，这时候就能透过窗户看到房间后面的窗口，和窗口外面院墙的铁丝网。铁丝网上爬着丝瓜的藤，有时候还能看见外面街上来往人的头。孩子写作业的时候，就坐在墙角之间那张矮矮的大桌上，男主人和女主人，从厨房和工作台都能分别抬头看见。

孩子推开临街的大门，走进一个四四方方的院子。正对着的墙却向右侧扭了进去。顺着扭出来的斜角向里看去，转角的位置有一片瓷砖地，放着一张矮矮的大桌子，盖着一个高高的木头顶。那桌子向里面的院子深深探进去，和头顶的木梁一起，指向院子里的枣树，和枣树背后的老房子。

女主人看着不远的煤矿学校，打开了执拗作响的大门，学校的小学生们就趁着中午父母不在的时间飞到院子里来。孩子们进门把书包往桌上一丢，就在院子里跑，在暗着的被子间捉迷藏，一会累了就跑到厨房里嚷嚷着吃饭，吃完了，又好不容易哄着赶着去床上睡觉，末了被叫起来，不情愿地背上书包去学校。女主人张罗着收拾完，三四点稍稍打个盹，孩子们就又从学校放学回来了。这回是趴在桌子边，急急忙忙写着作业，就又把笔一拐，跑到枣树下去耍，直到爸爸妈妈从班上回来把人接走。

男主人受不太了孩子的吵闹，他们有门修东西的手艺，钟表、电视、小家电这类者来者不拒，近来又学会了修手机的功夫。他挑了临街的屋子，每天凌晨打开朝东的窗户，看着屋子里亮起来、外面街道上声音多起来，就坐到桌前，拧开台灯，开始一天修修打打的工作。等孩子们来了，他就停下手头工作，从屋子里走出来，或者去厨房帮忙打下手，或者去院子里晒晒太阳、陪孩子们玩一会。

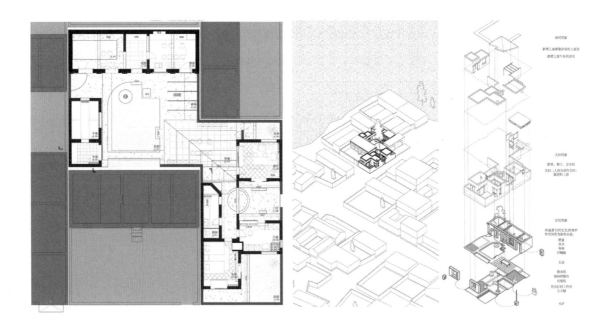

马荣钊（2024）

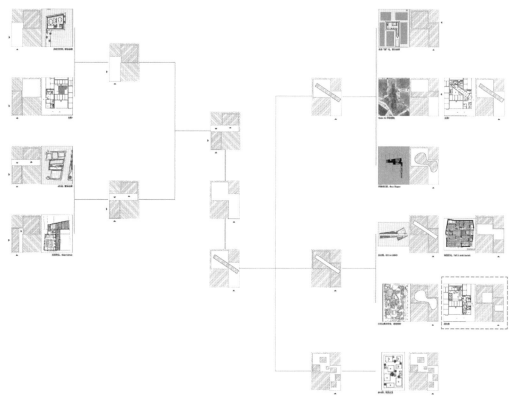

设 计 课 的 教 学 计 划

Teaching Program for Design Studios

5

表 1 教学计划简表
（教学计划中的练习主要是自己设计的，也有其他老师设计的。说明详见内文和表 2 中的备注）

学期	练习	议题	设计题目	专题练习
一年级上学期（秋季）	练习 1	行为与夹具	与"谁"同坐：椅子（2周）	身体姿态描绘
	练习 2	楼梯 门 窗 空间关系	身体的表演：抽象的立方体（7周）	墙的构筑 I 穴与架构
	练习 3	群居生活形态与空间组织极 小空间的放大	网络中居住：外来人群居（8周）	居住单元与公共领域
一年级下学期（春季）	练习 1	自然与空间的互映 建造基本逻辑	互映：树 水 风 雨 与 屋 院 塔 穴（5.5周）	光的回响
	练习 2	身份、行为与空间特征的关联性	自然中栖居：山林度假屋（11.5周）	行为研究：工作+
二年级上学期（秋季）	练习 1	日常 空间的形 空间结构	组织日常：社区中心（8周）	柱的游戏 I 游戏的墙
	练习 2	场所 类型 文化、地形与空间组织和建造的关联	异地重构：图书馆（9周）	再现体验：广场 街道
二年级下学期（春季）	练习 1	空间的深度 相对尺度	重组：园林空间"再绘"（4周）	记忆中的空间地图
	练习 2	历史的层叠 时间与记忆 材料和结构的意图	角色定义：方塔园游客中心（13周）	中介与层叠
三年级上学期（秋季）	练习 1	边界 日常的纪念性	边界：社区展览馆（8.5周）	展品与空间 I 边界与行为组织
	练习 2	领域 临时的家	屋中"屋"：民宿（8.5周）	家的角落 角落的家
三年级下学期（春季）	练习 1	构架与行为、氛围 空间二次限定 公共与私人领域的关联	溢出：菜场上的家（8.5周）	构架与行为、领域 I 菜场行为、居住演变研究
	练习 2	城市演变与空间结构 空间建构	街坊：城市空间的建构（8.5周）	历史地图研究：地块划分与尺度
四年级上学期（秋季）	练习 1	日常中的异质 表演与空间形制 建造与立面	日常中的仪式性：乡村文化中心（8.5周）	白盒子 黑盒子 声场
	练习 2	家 空间、空间关系的原型	自选题：原型与家（8.5周）	材料的建造与想象 I 行为模型
四年级下学期（春季）			毕业设计	

设计课的教学计划
Teaching Program for Design Studios

研究本科四年制的设计课教学计划，是一个重新思考之前自己设计的一至四年级教案的过程。研究将对它们进行重新界定和串联，强化相互之间的连续性，并试图填补之前教学中没有涉及却十分重要的内容，以使教学计划成为一个更为完善的系统，与此同时加强高低年级教学的衔接。需要特别说明的是，它不是同济大学建筑系正在或是将要实施的教学计划，它只是一项个人的教学研究工作。

就教学计划而言，个人的研究工作与用于集体教学的实施方案，两者的差异在于，实施方案一是要考虑大多数教师的认知和教学能力，二是要考虑教案设计如何有效地贯彻下去。第 2 点的确是重要的，尤其是当下设计教师在高校的处境和应聘都遭遇困境，越来越多的新晋年轻教师专注于科研工作之时。为了最大程度地保证整个年级的教学质量，就需要有类似"子纲"的内容，对教学计划、每个教案和教学执行计划进行更为详尽的说明，并将这些指导建议传递给不同的任课老师。因而，用于集体教学的实施方案会比个人的研究工作有更多的附件来辅助后续实施工作。至于第 1 点就很难评判了。教学若因为教师自身能力的问题而有所迁就，从逻辑上看似乎的确欠妥，因为这会让设计教学缺少底线。

回到教学计划的研究，还是需要先从具体的教案中抽离出来，先明确制定教学计划所需的前提条件。其中，确立教学目标是其最重要的内容。设计教学的目标毫无疑问是以培养设计能力为其核心，制定者对设计的认知决定了其对设计能力的定义，决定了教学内容。同时，学制也会对教学计划产生影响，它决定了教学的进度和教学深度。

1 基本设定

1.1 对设计能力的认知

设计能力是以认知建筑的基本问题为基础，在处理各种关系和寻求平衡的过程中呈现出的空间塑造能力。它需要关注建筑在环境中（社会环境、自然与建成环境）承担的角色、行为与空间和环境的关联性、建造的逻辑，并依此提供生活的框架，进而成为文化、地点、行为、记忆、想象的载体。设计能力的培养是需要以培养观察、体验、案例学习、多学科交叉认知的能力为基础，它需要时间和经验的积累。

这些认知决定了教学计划中各个练习的题目、议题、观察和认知内容的设定，决定了对空间问题和场地的设定，以及如何回应当下的问题。

1.2 设计教学目标

培养学生在体察社会和不断追问建筑基本问题的基础上，通过构建关系来组织生活和建构环境的设计能力。

1.3 学制与课时的设定

本教学计划是基于 4 年制本科设计教学而设定的。尽管国内的建筑学本科教育经历了从 4 年制到 20 世纪 90 年代 5 年制的转变，但最近几年大学开始推行精减学分和制定多路径的培养方案以供学生选择，因而出现了 4 年学制的回归，并以此为主体保留 5 年学制的现象。据此，本教学计划选择以 4 年学制作为研究对象，5 年学制的教学计划只需以此为基础做些调整。

关于课时的制定，国内的传统一般都是一周两次设计课，每次半天的设定。在回归 4 年制、精减学分和加强通识与思政教育的多重压力下，以同济大学建筑系为例，它就不得不以减少专业课课时，特别是基础阶段的设计课学时来完成学校的要求。[1] 当基础教学被严重压缩时，设计课教学质量的下降似乎已成了不可避免的事实。

正是基于此，本教学计划选择了以 1 周 2 次，每次 4 学时（半天）为基础，主要是因为设计课是建筑系最核心的课程，它的教育需要时间和练习数量的积累才能达到一定的目的。所以，尽管从当下情势看它是个理想状态，但却是我们在设计教学组织上需要改进的地方。我们不能简单地以某些国际著名高校的教学计划是一周一次设计课作为依据。实

1. 同济大学建筑系基础设计课的课时由修改之前的每周 2 次、每次半天，共 8 学时的教学改为一年级 1 周 1 次 4 学时，减少了 50% 的课时；二年级上学期虽然是一周 2 次，但改为 1 次 2 学时，1 次 4 学时；二年级下学期则是一周 1 次、1 次 4 学时。二年级总体被减少了大约 2/5 的课时。

际上，有些学校的一次设计课是一整天，相当于我们一周两个半天。况且，它们是有大量具备实践经验的设计师和研究者作为助教参与教学的。助教们在每周会有另外单独的时间和学生进行设计交流。这些都是一周一次设计课的重要支撑。同时，我们也需要权衡现有师资的设计教学能力，尤其是在当下这个转型期——大量以"数据、科学研究"为基础的博士进入教学梯队之时。若是他们的研究不涉及建筑本体的话，情况则会显得更为严重。

2 教学计划制订的基本原则

各个年级设计练习设定的基本原则、练习之间连续性的确立是教学计划的重要内容，它是由众多要素相互制衡来决定的。

基本上，以往国内的设计课教学计划大多着重考虑的是建筑使用功能的覆盖性，从茶室、小别墅、幼儿园、图书馆、火车站、展览馆、到高层办公或是酒店等，目的是把使用与空间的关系理顺，以便学生在毕业后能够直接上手设计项目。教案的连续性主要体现在练习的建筑面积逐步增加，功能的复杂程度在从易到难，它考虑的是教学需要循序渐进。东南大学在 20 世纪 80 年代末开始教学改革，其二年级教学计划开始以空间、功能、场地、结构为线索进行统筹考虑，并且兼顾了之前的思考。本世纪以来，多学科的交叉和学科自身的拓展使得从教学计划到教案设计都开始有更多的要素和线索介入，诸如绿色技术、历史环境保护、数字技术与建造等，抑或是将线索的连续性拓展到更多年级，诸如结构要素从二年级的木结构、墙承重和框架结构，拓展到三年级大跨结构的课题。教学计划因为众多要素的介入而显得纷繁复杂、线索众多，但线索之间的等级判断，以何种线索为主导变得模糊不清。换言之，更类似拼盘杂烩，一方面紧跟学界和社会的热点，不断"创新"；另一方面却忘了去梳理练习之间连续性、承接关系和等级顺序。从这角度看，教学计划反而不如之前的目的性明确。

在上面众多线索中，本教学计划选择以空间为先导进行设计，换句话就是将空间议题置于其他要素之上，因而有了以议题为起始的教案设计、以议题作为线索介入教学计划的组织，并依此确立练习之间连续性和高低年级的衔接。以往教学计划中兼顾场地、建筑功能的多样性和从简到繁，这些也是本教学计划所参照的。相较于以往教学计划，本教学计划更关注：

（1）以议题的连续性考察各练习在教学计划中的位置，以及其前后关系。连续性的思考同样贯彻到前后年级的关联上；

（2）以民居和园林为设计原点，加强对乡村和园林的认知，增设以此为主题的训练；

（3）以观察不同的文化、社会阶层、生活类型和事件作为场地选择的依据；

（4）强调现场观察和测绘，以培养尺度概念；

（5）关注其他媒介对于设计的推动作用，诸如文学、电影等；

（6）练习需要有选择地面对当下问题。

3 与同济大学建筑系现有教学计划的关联

本教学计划的设定，一方面是为了呈现自己的思考；另一方面，以同济大学既有的框架作为参考，把它假定为研究的前提条件和社会条件，希望与现实有一定的关联。

3.1 同济大学既有框架提供的研究前提条件

同济大学四年制设计教学的基本组织框架是1、2年级为基础教学，3、4年级为高年级教学，4年级下学期为毕业设计，[2]并提出城市环境、自然环境、综合体、住区和城市设计是必要的教学内容。本教学计划是以此作为骨架和限定条件进行设计的，尤其是城市设计是自身教学经历没有涉及的，却又是不可缺失的环节。

3.2 对同济大学既有框架和教案的借用和调整

本教学计划从一年级到四年级上学期（四年级下学期为毕业设计）共15个设计练习，其中除了选择自己在4个年级分别设计的教案之外，还选用了其他老师的4个教案。

本教学计划首先选用了同济大学原有的椅子练习（2周）作为基础教学的起始。一是因为它是个可以用来介绍建筑基本内核的练习，可以对身体行为与用具（空间）、材料与结构、舒适性和稳定性进行讨论；二是从学期时间安排看，秋季学期一开始总是会被十一长假期干扰，造成设计训练的不连续性。而椅子的两周练习正好适应了这个周期安排。只是在本教学计划中这个练习的设定，改以"同坐"作为设计限定条件，与总体教学目标——以"关系"作为切入点相匹配。同时平、立、剖面图的绘制是此阶段教学必须完成的内容。测绘的物并不复杂，有利于学生理解图的基本概念并进行操作。

2. 同济大学建筑系的4年制与5年制设计课的教学计划从基础阶段到四年级上学期都保持一致。基础教学的练习，最近几年是以2周的椅子设计作为一年级的起始，然后主要是一年级上学期的平立转换、色彩构成、校园三好坞茶室设计，一年级下学期的极小居住设计、上海里弄民宿设计；二年级上学期的校园情人坡展馆、社区活动中心，最后以二年级下学期17周长题"CAUP评图中心"作为基础教学的结束。对于高年级设计课组织，主要是城市、自然环境中的公共建筑（三年级上学期）、商业综合体（三年级下学期长题）和城市设计、住区（四年级上学期），以及四年级下学期的毕业设计（4年制）、自选题（5年制）。

另外还选择了王凯、王红军和刘可南 3 位老师为同济大学实验班二年级设计的"方塔园建筑设计"教案，是因为我一直认为民居和园林是我们设计的原点。方塔园所涉及的历史层叠具有特殊性，为在其中做设计提供了有效的契机。只是在教学计划中将他们曾经设定的冯纪忠纪念馆（2001 年）和餐厅（2002、2003 年）的功能综合了一下，改为接待中心。餐厅是冯纪忠先生原有设计的功能计划，接待中心的确还是以餐饮功能为主，只是在总建筑面积不变的情况下，希望增加小面积的接待和介绍园子历史的展示功能，这样可以使空间的组织方式和人的行为更多样，便于从多角度解读行为与空间的关系。教学计划将之作为基础教学的结束，同时作为三年级上学期第一个作业"社区展览中心＋"中研究光线与展品的初步练习。

对于 4 年制的高年级教学，基本沿用了原有框架的设定，只是将四年级上学期第 2 个作业设定为自选题。高年级教学的一个重要特征是需要就某一个问题结合教师的专长来进行深入研究，并回应当下的社会问题。自选题的设定不仅可以作为专项的深化研究，也可以是实验性的教学实践。它可以涵盖城市设计、大跨结构和数字化建造等。在教学计划表中，只是列举了自己的自选题教学内容作为说明（表 2）。

对于高年级练习的选择，一个主要的改动是将住区、综合体、城市设计进行组合，将商业与住区合并成一个课题作为三年级下学期的第 1个练习，将高层办公与城市设计合并作为三下的第 2 个练习。三下的第1 个练习将采用王方戟老师在同济实验班的"菜场上的家"教案。"菜场上的家"对商业和住宅的设定更为清晰和明确，这会使教学更具有目的性。 综合体练习中复杂的车行、人流与物流的交通组织、高层建筑设计的结构选型等内容则与城市设计教学内容合并，作为三下的第 2 个作业。因为从城市设计角度去理解复杂的交通组织、综合体与城市在功能策划、公共空间的连续性和空间结构等层面的衔接则更为顺畅和连续。目前本科生所能达到的高层建筑的设计深度在和城市设计合并的 8.5 周内是应该能够完成的，当然高层建筑的设计并不是必需的教学内容。三下城市设计的教案选择了同济大学蔡永洁和沙永杰老师最近几年的教案。他们城市设计的教案有明确的立场，教学中所明确的地块历史和演变研究、地块所涉及的法规、密度等研究都具有重要意义，因而选择了他们的教案，以使 4 年制的设计教学内容更具有完整性。

因为这些借用的教案需要嵌入整体教学计划中，所以会在参考它们的设计意图之后，依照自身教学计划的线索和从议题出发链接各个练习的初衷对它们做出少许的调整和补充。这些会在教学计划表（表 2）的备注中特别说明。

4　以议题为线索建立的练习之间的连续性

教学计划中连续性的建立是将建筑的基本认知和教学目标分解到各个年级的练习之中。对于建筑基本认知，是以"关系"——内外关系和内部空间关系，身份、行为和空间之间的关联性作为最核心的内容，教学的目标是"培养学生在体察社会和不断追问建筑基本问题的基础上，通过构建关系来组织生活和建构环境的设计能力"。教学计划以此为依据确立了议题，其具体内容涵盖了建筑本体和社会属性两个方面。其中关于建筑本体的内容，将主要涵盖：基本要素（空间构成要素、空间关系要素）、基本问题（关系、公共与私密、行为与空间、边界、领域、氛围、结构与建造）、意义（时间、记忆、生活和家）。 关于建筑的社会属性主要是围绕个体和社会身份、行为与空间的关联性展开，主要包括社会分层、公共性、纪念、地域文化和历史层叠、当下问题等。

在对议题的具体分解中，在一年级的教学中就将提出建筑的核心认知，并依此设计入门的教案。因为在学习起始阶段建立的认知非常重要，它将是之后 4 年设计教学的基石。议题在各个年级中具体的分解大体如下（表 2）：

一年级教案以建筑的本体（关系、建筑基本要素、空间建构的基本方式、建造意识）和社会属性（身份、行为与空间的关联性）为主要线索；

二年级是以建筑本体（空间的形、空间结构、类型、空间的组织原则和要素、场地和结构意识）和社会属性（日常、地域文化、历史层叠）为主要线索；

三年级以建筑本体（边界、领域、公共与私密、空间结构、环境中的姿态、城市空间结构）和社会属性（公共性、纪念、阶层分化与空间的关联性）为主要线索；

四年级以建筑本体（仪式性、原型、时间、记忆、家）和社会属性（乡村建设、当下问题）为主要线索。

5 连续性中议题的重复叠加

议题在整个教学计划中有所交叠是有益的，因为一个议题的多次提出会加深学生的印象，而且在不同阶段可以将议题的讨论推进到不同的深度。议题的重复叠加存在两种形式，一种是呈现在教学计划中，是显性的表现，另一种是隐性的，因为设计是个综合平衡的过程，诸如场地、结构的议题，任何一个练习都会涉及，在教学实施环节无法避免地需要重复讨论。但它们无法在每个练习中都列入，否则这等同无效。在教学计划中列的议题只是在该阶段需要着重讨论的，但不是唯一内容。

在本教学计划中，议题显性的重复与重叠表现在：

空间基本要素：一上"身体的表演"中的关系要素"门、窗、楼梯"、二上"组织日常"中的空间形、四上自选题中的空间原型；

空间关系：一上"身体的表演"中的空间关系、二上"组织日常"中的空间结构、四上"自选题"中的空间关系原型；

建造意识：一下的"互映"和"自然中栖居"、二上的"异地重构"、二下的"角色定义"、三上"屋"中屋的乡村建造、四上乡村的"日常中的仪式性"；

结构意识：二上"组织日常"的空间结构、三下"菜场上的家"的构架与行为、氛围；

身份、行为与空间的关联性：一上"网络中居住"的外来人群、一下"自然中栖居"的5种身份人的设定、三下的"菜场上的家"、四上乡村中的"日常中的仪式性"；

与自然环境的关系：一下的山林度假屋、三上的自然村落中的民宿；

村落：三上的"'屋'中屋"，四上的"日常中的仪式性"；

日常：二上的"组织日常"的城市生活、三下的"菜场上的家"、四上"日常中的仪式性"的乡村建设；

记忆：二下的"角色定义"、三上的"边·界"、四上自选题的"原型与家"；

家：三上的"'屋'中屋"，四上自选题的"原型与家"。

6 练习设定中的 3 个核心内容

在教学计划中，练习的设定除了主要考虑议题之外，还对其他 3 个重要的内容做了特别着重的分解，这将使练习更具有目的性，在教学实施过程中具有针对性，以确保教学的有效性。

在这其中，没有选择结构和建造作为详解的内容，主要是认为设计是以空间为主干，需要在空间意图中来确立结构和建造，所以没有将它们作为详解要素。但对于结构和建造还是有个基本设定：

（1）设计课中需要以帮助学生建立建造的基本意识和基本逻辑为主要目标，无须将"设计到施工详图程度"作为学校设计教育的目标，尤其对于 4 年制而言。因为教学时间有限，将这个目标放在设计院实习阶段更为合理和妥当。

（2）结构部分的教案设计，以墙承重和框架结构为主要教学内容，因为它们不仅涉及结构问题，而且涉及空间构成和感知的基本要素——墙面、地面、屋面、柱子、梁。其他结构形式的讨论，可以通过技术课和四上自选题的形式来加强，或是针对个别学生的方案展开讨论。这些可在教学实施环节灵活处理，而不是作为教学计划中必要的设定环节。

6.1 空间

1) 基本形的特征、基本限定方式、空间关系的基本语汇

基本形：形的中心、感知的中心、行为的中心，三者之间的关系；形的感知与路径的关联性；

基本限定方式：空间的方向性、要素（柱、墙、屋顶、高差）；

空间关系：层叠、悬空、之中、交错叠合等；平面与剖面双重角度理解空间关系；空间关系带来的核心设计内容的确立；空间关系与行为关系两者之间的关联性。

2) 空间结构、空间的二次限定

3) 类型与生活形态、时间、社会的关联性

4) 边界与领域

5) 空间的组织秩序：公共与私密的界定、空间的等级、方向性、密度、层叠、大小空间的组合、均质空间的组织秩序、过道与房间

6) 光线、材料与空间氛围

7) 建造与空间的内、外

8) 功能计划：功能计划、行为的再定义，与空间形制的匹配性

9) 图与底

10) 民居、园林空间的认知

11) 回应自然环境的特征、城市中公共空间的连续性

12) 日常生活、仪式生活

6.2 尺度

1) 相对尺度

2) 尺度的差异、并置、叠加、映衬与转换

3) 自然尺度、街坊尺度、公共空间尺度、建筑尺度、身体尺度、行为
   尺度

4) 空间尺度（公共与私人领域）、结构尺度、建造尺度、材料尺度：
   关联性感知

5) 日常尺度、仪式性尺度

6) 地方的尺度、时间的尺度

6.3 场地

1) 不可到达场地、可达到场地

2) 自然的场地、乡村、城市

3) 自然的场地：山林地、滨水、沙漠地

4) 乡村的场地：村落空间、生产场地

5) 城市：

   不同文化、历史、资源背景的城市；
   密集区、边缘或缝隙地带、交通基础设施周边（火车站、地铁站、
       码头、高架桥）；
   历史街区、20 世纪以来新建的街区、遗址（历史、工业、事件）；
   社区、商业办公居住混合区域。

   　　教学计划基本是按照上述线索进行组合和选择的，并且制约了教学
中其他的内容，详见表 2。

表 2 教学计划

学期	练习	议题	设计题目	专题练习	认知	观察与测绘
一年级上学期（秋季）	练习 1	行为与夹具	与"谁"同坐：椅子（2周）	身体姿态描绘	身体行为 I 行为基本尺寸	身体姿态 I 平 立 剖面制图
	练习 2	楼梯 门 窗 空间关系	身体的表演：抽象的立方体（7周）	墙的构筑 I 穴与架构	身体 I 关系（人际关系与空间关系的关联）	门 窗 楼梯 I 轴测
	练习 3	群居生活形态与空间组织极小空间的放大	网络中居住：外来人群居（8周）	居住单元与公共领域	社会身份、阶层与空间分配	现有场地建筑测绘 I 生活刻画
一年级下学期（春季）	练习 1	自然与空间的互映 建造基本逻辑	互映：树水风雨与屋院塔穴（5.5周）	光的回响	自然环境要素与空间基本形制 I 建造的基本逻辑	自然要素的体验
	练习 2	身份、行为与空间特征的关联性	自然中栖居：山林度假屋（11.5周）	行为研究：工作+	个体身份与空间关联性 I 材料与建造	身体丈量场地 I 场地体验刻画
二年级上学期（秋季）	练习 1	日常 空间的形 空间结构	组织日常：社区中心（8周）	柱的游戏 I 游戏的墙	日常生活 I 周边人群身份 场地特征与公共生活的组织之间的关联性 I 框架结构的基本特征	公共空间行为方式 I 行为的连续性
	练习 2	场所 类型 文化、地形与空间组织和建造的关联	异地重构：图书馆（9周）	再现体验：广场 街道	城市公共空间结构 I 地形与建造 I 类型	既有历史图纸阅读
二年级下学期（春季）	练习 1	空间的深度 相对尺度	重组：园林空间"再绘"（4周）	记忆中的空间地图	中国传统园林空间	廊、院子 I 园林平面
	练习 2	历史的层叠 时间与记忆 材料和结构的意图	角色定义：方塔园游客中心（13周）	中介与层叠	材料与建造 I 时间性	体验与路径 I 结构与构件
三年级上学期（秋季）	练习 1	边界 日常的纪念性	边界：社区展览馆（8.5周）	展品与空间 I 边界与行为组织	城市生活形态	街道建筑界面
	练习 2	领域 临时的家	屋中"屋"：民宿（8.5周）	家的角落 角落的家	村落空间结构 I 民居	乡村公共空间 I 现有民宿房间 I 地方材料
三年级下学期（春季）	练习 1	构架与行为、氛围 空间二次限定 公共日常与私人领域的混杂与转换	溢出：菜场上的家（8.5周）	构架与行为、领域 I 菜场行为、居住演变研究	结构与感知	摊位测绘 I 行为描绘
	练习 2	城市演变与空间结构 空间建构	街坊：城市空间的建构（8.5周）	历史地图研究：地块划分与尺度	城市空间结构	街坊尺寸
四年级上学期（秋季）	练习 1	日常中的异质 表述与空间形制 建造与立面	日常中的仪式性：乡村文化中心（8.5周）	白盒子 黑盒子 声场	乡村建设	乡村民居
	练习 2	家 空间及其关系的原型	自选题：原型与家（8.5周）	材料的建造与想象 I 行为模型	生活形态与空间形制 I 图	
四年级下学期（春季）			毕业设计			

媒介	场地	空间	尺度	建造	结构	当下问题	备注
			身体动作尺寸			基本问题：身体 身份 与 空间	原同济大学基础教研组设计练习
电影	抽象	穴与架构的空间特征 I 空间关系基本语汇 I 空间限定基本方式 I 行为与夹具	要素、空间与身体相对尺度			基本问题：空间关系	
	城市：边缘地带 或 上海里弄	公共等级 与 私密关系 I 感知与空间限定 I 极小空间的放大	行为、物件、空间与身体			社会分层 I 城市边缘地带的建设	
文字	自然环境：自选	自然要素与空间关联 I 光线 I 氛围	差异、并置与映衬	基本建造逻辑讨论		自然的再认识	
影像	自然环境：山林地	地形、要素与空间布局与氛围 I 建造与形式、氛围 I 功能计划与"秩序"	自然中的相对尺度	墙身剖面与立面之间的对应	框架结构体系 I 墙承重体系	自然环境中的建造	
	城市：日常生活街区（苏州）	城市公共空间的连续性 I 空间结构	建筑公共空间、行为与身体		框架结构	城市社区的建设	可选择城市交通基础设施附近的街区
、文学	城市：历史街区（无法到达的场地）（威尼斯）	类型的再释 I 材料与氛围	城市公共空间中的个人空间与身体		框架结构	历史街区更新、类型	
、影像	园林：苏州网师园 或 无锡寄畅园	空间的深度 I 相对尺度的转化	尺度异化（非透视、空间的扁平化、相对尺度）			园林的当下意义	
、影像	园林：上海方塔园	园林空间组织系统 I 平面形与感知中心、路径	不同内外空间尺度的转换	墙身剖面与立面之间的对应		园林的当下意义	原同济大学王凯、王红军主持的实验班二年级教案，其设计任务曾是纪念馆和餐厅。议题与专题练习依场地特点由本人建议。
	城市：多功能混合的街区	界面的双重意义 I 空间方向性与路径 I 空间的层叠	立面形式尺度、材料的尺度		框架结构	城市密集区域的建设	
本	自然环境+村落	村落结构中的定位 I 家核心行为与形制的匹配 I 自然领域 公共领域与私人领域的转换	乡村的日常尺度			乡村建设：民居、私人领域	
	城市：日常社区	大小空间组合问题 I 空间的层级与密度	街道尺度、公共生活尺度、居住尺度，以及三者的连续性	构造剖透视	结构选型 I 大、小空间转换	公共领域与私人领域	原同济大学王方戟主持的实验班教案。菜场行为与居住演变研究为原有教案的研究部分。其他的议题与专题练习由本人建议。
像	城市：中心地段+滨水地段	地块大小与建筑布局 I 图与底	地块尺度	墙身剖面与立面之间的对应		城市设计	原同济大学蔡永洁、沙永杰主持的城市设计教案。本人依据原有教案归纳了议题和专题练习。
本	乡村：普通村落	行为与空间形制 I 当代表演形式与空间形制关系	日常尺度与仪式空间尺度			乡村建设：公共空间	
再现	自定	当下家的生活形态、形制与意义	私人领域			私人领域的再定义	

附录
Appendix

案例索引
Index of Cases

1. 空间的形（形的中心、行为的中心、感知的中心）

1）方形平面

Adolf Loos Haus Horner vs. Villa Strasser vs. Haus Rufer

Andrea Palladio La Rotonda
Adolf Loos Haus Rufer
Herzog de Meuron Stone House
篠原一男 Umbrella House, House In White, Uncomplete House
Valerio Olgiati Office of Valerion Olgiati vs.
长谷川豪 House in Yokohama

Emil Steffann St. Lauremtius
Charles W. Moore Moore House
犬吠工作室 House Asama

Adolf Loos Haus Rufer
Arrhov Frick House in Lilla Rägholmen, Viggsö (2015-2019)

2）方形平面 对角关系

Lina Bo Bardi Angels' Chapel
Martín Correa, Gabriel Guarda Benedictine Monastery Chapel
Ernst Gisel Theater Delsberg (unbuilt, 1951)
Inger and Johannes Exner Præstebro Birke Church

3）圆形平面

Lina Bo Bardi Cerrado Church
Smiljan Radic Crucifixion Chapel
Pezo von Ellrichshausen House in Chonchi, Chiloe Archipelago (2015-2017)
Franco Albini Museo del Tesoro di San Lorenzo
Aldo Van Eyck Roman Catholic Church
Giovanni Michelucci Chiesa dell' Immacolata Concezione della Vergine

Aldo Van Eyck Sculpture Pavillion, Sonsbeek Exhibition, Arnhem (1965-1966)
Pezo von Ellrichshausen Pavilion in Venice, Giardini di Castello (2015-2016)

4）椭圆平面

Francesco Borromini Chiesa di San Carlino alle Quattro Fontane, Roma（1638-1646）
Peter Celsing Nacksta Church
Peter Zumthor Saint Benedict Chapel

2. 空间组织要素和基本关系

1）院子

网师园
桂离宫
大德寺 龙源院 南禅寺 方丈院
Basilica St. Ambrose, Milano (4th Century)
Certosa di Pavia, Pavia
Alhambra, Granada

Alvar Aalto Villa Mairea
Louis Kahn Salk Institute for Biological Studies
Paolo Portoghesi Casa Corrías
Alvaro Siza Antonio Carlos Siza House
Aires Mateus Furnas Monitoring and Research Center

Luigi Moretti Casa detta "La saracena"
Eduardo Souto de Moura Casal dos Cardos, Alcanena (1987-1992)
Alvaro Siza Armanda Passos House, Porto (2002-2007)

João Vilanova Artigas Elza Berquó House
Pezo von Ellrichshausen House in Curacaví, Metropolitan Region (2019-2022)
Lina Bo Bardi Lina Bo and P.M Bardi house in Morumbi
Studio Mumbai Ahmedabad Residence
TEd'A Arquitectes Jaime and Isabelle's Home
Office KGDVS Lake side Villa, Keebergen (unbuilt, 2007)
Le Corbusier The Convent of La Tourette
刘家琨 西村大院

Aires Mateus House on the Alentejo Coast
长谷川豪 Villa besides a Lake
Pascal Flammer House with View on Isle of Skye 1
Office KGDVS Christian Bourdais' Solo House
TEd'A Arquitectes School in Riaz

Geoffrey Bawa 33rd Lane
Studio Mumbai Carrimjee House
西沢立卫 Moriyama House
SANNA Contemporary Art Museum

2）廊（走道）与房间

网师园、寄畅园、留园

Studio Mumbai Copper House Ⅱ, Carrimjee House
Manuel Cervantes House in Valles Santana, Valle de Bravo (2014-2015)
Rafael Moneo Logroño City Hall, Logroño (1973-1981)
Grafton Architects Universita Luigi Bocconi, Milan（2008）

Guido Canella Scuola Elemenare con Scuola Materna e Campo Sportivo
Roger Boltshauser Allenmoos II School Pavilion, Zurich (2009-2012)
Bonell i Gil Arquitectes Remodeling of the Former Jaume I Barracks for the Pompeu Fabra University
Gigon & Guyer Kirchner Museum, Davos (1989-1991)
Valerio Olgiati Extension of School

3）房间连接房间

Andrea Palladio La Rotonda
Herzog & deMeuron Stone House
藤本壮介 House O
西沢立卫 Tomihiro Museum
Aires Mateus Furnas Monitoring and Research Center

4）斜向（水平与垂直）

Adolf Loos Haus Rufer
坂本一成 House in Nobuto (1970-1971)

Le Corbusier Villa a Carthage (unbuilt, 1928)
Alberto Campo Baeza Turégano House, Pozuelo
Karamuk Kuo International Sports Science Institute
Mansilla + Tuñón Castellón Museum of Fine Arts

5）层叠 （水平与垂直）

Adolf Loos Haus Moller
Louis Kahn Kimbell Art Museum
Rafael Moneo National Museum of Roman Art, Mérida (1980-1985)
Peter Märkli Museum La Congiunta
Pezo von Ellrichshausen Cien House, Cultural Centre
Mansilla + Tuñón Museum in León

6）大、小空间组织

Alejandro De la Sota Maravillas Gymnasium
Bonell i Gil Arquitectes Sports complex and rowing workshop
Guido Canella Scuola elemenare con scuola materna e campo sportivo
Arne Emil Jacobsen Landskrona Sports Centre
Rudolf Schwarz St. Anna

7）路径

Gian Lorenzo Bernini Scala Regia (1663-1666)
长谷川豪 House in Gotanda
Alvaro Siza Swimming Pool
Emil Steffann St. Lauremtius
Martín Correa, Gabriel Guarda Benedictine Monastery Chapel

3. 空间结构

Luxor Temple (16th century BC)
Jameh Mosque Isfahan (7th-15th century AD)
Auguste Choisy Diagram of the Acropolis of Athens (1899)

1) Registration Line

Le Corbusier Plan Paralysé et Plan Libre (1925)

John Hejduk Piano House and Texas House Series (1954-1963)
Office KGDVS VRT (unbuilt, 2014-2015) Arvo Part Centre, Laulasmaa (unbuilt, 2014)

Mario Botta Casa Unifamiliare
Livio Vacchini Snider House
Louis Kohn Morris House, Mount Kisko (1955-1958)

Mario Botta School Media a Morbio Inferiore
Livio Vacchini Ai Saleggi Elementary School
Aldo Rossi Gallaratese House
Peter Märkli Headquarters Buildings for Synthes, Zuchwil (2011)

Tham & Videgård House Husarö, Österåker (2009-2012)
Paulo Mendes de Rocha Mendes da Rocha House
Juliaan Lampens House Vandenhaute-Kiebooms, Zingem (1967)

Aries Mateus House in Melides, Grândola (2010-2019)
Louis Kahn Kimbell Art Museum

Ernst Gisel Kulturforum Westfalen
Lina Bo Bardi SESC Popeia
Paulo Mendes de Rocha MuBE

Sverre Fehn Villa Arne Bodtke
Tham & Videgård Archipelago House

2) 九宫格

Andrea Palladio La Rotonda
John Hejduk Texas House 4-7
Office KGDVS Villa, Buggenhout
Pezo von Ellrichshausen Endo House, Machalí (2010) House in Cretas, Teruel (2009-2013)
Tham & Videgård Island Houses, Southern Gothenburg archipelago (2012-2014)
Túnón Y Albornoz Stone House in Cáceres(2015-2018)

John Hejduk House Diamond House A-C
Office KGDVS Crematorium, Ostend (2014-2021)

3) Behavior and Experience Oriented

Jose Antonio Coderch Ugalde House
Cruzy y Orti Bus Station
Alvaro Siza Pinto & Sotto Maior Bank，Galician Centre of Contemporary Art
Josep Llinás Jaume Fuster Library

4. 领域

留园 林泉耆硕之馆
长谷川豪 House in a Forest
犬吠工作室 House Asama
Tham & Videgård House Lagnö, Roslangen (2010-2012)

Aldo Van Eyck Roman Catholic Church
Erik Bryggman Resurrection Chapel
John Lautner Casa Wolff, Hollywood (1961)
Sverre Fehn Hedmark County Museum

5. 新旧关系

Auelio Galfetti Castello Castelgrande
Brucher Bründler Summer House in Mosogno
Carlo Scarpa Castelvecchio Museum Renovation, Fondazione Querini Stampaila Renovations
MGM Renovation of Five Dwellings
Antonio Jiménez Torrecillas The Torre del Homenaje "Tribute Tower"
Eduardo Souto de Moura Braga Market and the Market Café

6. 光线

Carl Nyren Västerort Church
Peter Zumthor Saint Benedict Chapel
Louis Kahn Kimbell Art Museum
Martín Correa, Gabriel Guarda Benedictine Monastery Chapel
Luis Barragán Chapel for the Capuchinas
Rudolf Schwarz St. Anna
Steven Holl Chapel of St. Ignatius

7. 功能计划 （通过行为再定义建筑要素和重组空间关系）

OMA Bordeaux House and Pool
OMA Kunsthal
长谷川豪 House in Sakuradai

8. 场地关系

1）路径

Alvaro Siza Boa Nova Restaurant
Sverre Fehn Hedmark County Museum

Ernst Gisel Haus Gisel
Rafael Moneo Logroño City Hall
坂本一成 Tokyo Tech Front, Tokyo (2006-2009)，Saga Prefecture Dental Association Hall

2）环境中姿态

Adolf Loos House on Michaelplatz
Rafael Moneo Murcia City Hall
Bonell i Gil Arquitectes Citadines Aparthotel
Grafton Architects London School of Economics, London (2022)
刘家琨 文里·松阳三庙文化中心

Alvaro Siza Galician Centre of Contemporary Art
坂本一成 Quico Jingumae
Luigi Caccia Dominioni Complex for Apartments, Offices and Shops
Josep Llinás Town Planning for Building around Plaza de Sant Agusti Vell
Mario Asnago, Claudio Vender XXI Aprile Apartment Building, Milan (1950-1953)

Luigi Snozzi Elementary School
Herzog & de Meuron Apartment Building in Hebelstrasse, Basel (1988)
Alejandro De la Sota Civil Government Building
Josep Llinás Dwelling on Calle Carmen
Alvaro Siza Zaida Building and Courtyard House, Granada (1998-2006)

Rafael Moneo Bankinter
Diner & Diner Administration Building Hochstrasse
Luigi Caccia Dominioni Caccia Dominioni House
Livio Vacchini Macconi Office and Commercial Building, Lugano (1973-1975)

9. 自然环境

佛光寺
Alvaro Siza Boa Nova Restaurant
Alvar Aalto Villa Mairea
Geoffrey Bawa Kandalama Hotel, Dambulla
Pascal Flammer Stockli Balsthal
GOMA San Simón (unbuilt)
Lina Bo Bardi Lina Bo and P.M Bardi House
Sverre Fehn Hedmark County Museum

Jose Antonio Coderch Ugalde House
Dimitri Pikionis Acropolis Paths

Luigi Snozzi Case Kalmaan
Gleen Murcutt Riversdale Boyd Education Centre

Erick Gunnar Asplund Woodland Chapel
Alvaro Siza Swimming Pool
Smiljan Radic Prism House + Terrace Room

10. 结构（基本类型的特征——以墙承重和框架体系为主、与氛围和行为的关联性）

筱原一男 House in White
Christian Kerez House with One Wall
Pascal Flammer Architecture Office with Two Stairs

犬吠工作室 House Asama
Arne Emil Jacobsen St. Catherine's College
Sverre Fehn Nordic Pavilion
Adrien Verschuere, Benoit Delpierre, Fabian Maricq Baukunst

Gino Valle Monument to the Resistance
Valerio Olgiati Office of Valerion Olgiati
Paulo Mendes de Rocha Chapel of Sao Pedro , Brazilian Pavilion for Expo '70, Osaka (1969-1970)

Franco Albini Museo del Tesoro di San Lorenzo
Luigi Moretti Underground Parking Garage

筱原一男 Tanikawa House
Valerio Olgiati Plantahof Auditorium
TEd'A Arquitectes Road Centre
Maneul Cervantes Equestrian Project

Fernando Távora Municipal Market
Arne Emil Jacobsen Nyager Elementary School, Rødovre (1959-64)
Paulo Mendes de Rocha Patriarca Square Remodeling, San Paulo (1992-2002)
Livio Vacchini Vacchini Architecture Studio, Lucarno (1984-1985)

WOJR Tower of Winds: An Installation
Christian Kerez School Building in Leutschenbach
Bruther Cultural and Sports Center
Karamuk Kuo Campus Ruetli Sports Hall
Jürg Conzett with Jungling & Hagmann Ottoplatz Building

Sigurd Lewerentz St. Peter's Church
Louis Kahn Kimbell Art Museum
西沢立卫 Teshima Art Museum

11. 柱

筱原一男 House in White
Valerio Olgiati The Yellow House, Flims (1996-1999)
Gleen Sestig Private Gallery Tuymans-arocha, Antwerp (2017)
Brucher Bründler Hotel Nomad, Basel (2009-2015)
Eduardo Souto de Moura Interiors of the Portuguese Pavilion, Expo 1998 Lisbon (1998)

Lina Bo Bardi Bardi studio
Bonell i Gil Arquitectes Remodeling of the Former Jaum I Barracks for the Pompeu Fabra University
Rafael Moneo Logroño City Hall
Rudolph Schindler Lovell Beach House, Newport Beach (1922-1926)
Louis Kahn Salk Institute for Biological Studies
João Vilanova Artigas Faculty of Architecture and Planning, Jaú Bus Station
Peter Märkli Headquarters Buildings for Synthes, Zuchwil (2011)
伊东丰雄 Sendi Mediatheque

Great Mosque of Córdoba（8th-10th century AD）
Giuseppe Terragni Danteum
石上纯也 KAIT Workshop, KAIT (2004-2008)

12. 建造：（建造基本逻辑、材料特性和尺度、氛围、与立面的关系）

桂离宫 等候亭（waiting bench）笑意轩（Shoiken）
Herzog & de Meuron Polywood House
Peter Zumthor Saint Benedict Chapel
Gion Caminada School in Duvin

Fernando Távora Tennis Pavillion at Quinta da Conceição
Peter Zumthor Bruder-Klaus Field Chapel
Angelo Mangiarotti, Bruno Morassutti, Alto Favini Church Mater Misericordiae
Caruso St. John Contemporary in Nottingham
Alberto Campo Baeza Caja General Bank Headquarters

Sigurd Lewerentz St. Peter's Church
Eladio Dieste Iglesia de Cristo Obrero

James Stirling Bookshop
Ludwig Mies van de Rohe Farnsworth House
Lina Bo Bardi Bardi Studio
RCR Bell-Lloc Cellars
大舍 边园，上海（2019）

Aris Konstantinidis Summer House
Antonio Jiménez Torrecillas Moorish Wall in Alto Albaicín
Herzog & de Meuron Dominus Winery
GOMA Casa Tejocote

RCR Pavilions in Les Cols Restaurant

Office KGDVS Center for Traditional Music, Riffa (2012-2018)

13. 家

民居：浙江山地民居、苏州民居、徽州民居、藏式民居

Rachel Whiteread House
John Hejduk Berlin Masque
Frederick J Kiesler Endless house

Adolf Loos Haus Moller
Alvar Aalto Villa Mairea
Charles W. Moore Moore House
Juliaan Lampens House Vandenhaute-Kiebooms
Peter Märkli Garden House
长谷川豪 House in Sakuradai
犬吠工作室 Gae House
筱原一男 House with a Big Roof, House in White, Tanikawa House

坂本一成 Egota House A, Common City
西沢立卫 Moriyama House
Ondesign Yokohama Apartment, Yokohama (2009)

14. 记忆与纪念

Maya Lin Vietnam Veterans Memorial
Solano Benitez Tomb for His Father, Paraguay (2001)
Gino Valle Monument to the Resistance
John Hejduk Cemetery for War Dead
Carlo Scarpa Brion Cemetery
Aldo Rossi San Cataldo Cemetery
Erick Gunnar Asplund and Sigurd Lewerentz Woodland Cemetery

案例名录
List of Cases

Alvar Aalto
Villa Mairea, Noormarkku (1938-1939)
Muuratsalo Experimental House, Säynätsalo (1952-1953)
Säynätsalo Town Hall, Säynätsalo (1949-1952)

Franco Albini
Museo del Tesoro di San Lorenzo, Genoa (1952-1956)

Alejandro Aravena
UC Innovation Center, Santiago (2014)

João Vilanova Artigas
Faculty of Architecture and Planning, University of São Paulo (1961-1968)
Elza Berquó House, São Paulo (1967)
Jaú Bus Station, Jaú (1973-1975)

**Mario Asnago,
Claudio Vender**
XXI Aprile Apartment Building, Milan (1950-1953)

Erick Gunnar Asplund
Woodland Chapel, Stockholm (1918-1920)
Public Library, Stockholm (1918-1927)
Gothenburg Courthouse Extension, Stockholm (1934-1936)

Alberto Campo Baeza
Turégano House, Pozuelo (1986-1988)
Asencio House, Cádiz (2001)
Caja General Bank Headquarters, Granada (2001)

Lina Bo Bardi
Angels ' Chapel, San Paulo (1978)
Cerrado Church, Uberlandia（1976-1982)
Lina Bo and P.M Bardi House and Studio in Morumbi, San Paulo (1949-1952,1986)
SESC Popeia, San Paulo (1977-1986)

Luis Barragàn
House and Atelier for Luis Barragàn, Mexico City (1947)
Chapel for the Capuchinas, Mexico City (1952-1955)
Drinking Through Plaza and Fountain, Estado de México (1959)
San Cristóbal Stables and Folke Egerstrom House, Estado de México (1961-1968)

Geoffrey Bawa
33rd Lane, Colombo (1960-1998)
Kandalama Hotel, Dambulla (1991-1994)

Heinz Bienefeld
Klöcker House, Lindlar Hohkppel (1975)
Heinze-Manke House, Köln (1984-1988)
Holtermann House, Sendan (1988)

Bonell i Gil Arquitectes
Citadines Aparthotel, Barcelona (1988-1993)
Sports Complex and Rowing Workshop, Banyoles (1990-1992)
Remodeling of the Former Jaume I Barracks for the Pompeu Fabra University, Barcelona (1992-1996)

Juan Borchers
Cooperativa Eléctrica, Chillán (1960-1965)

Mario Botta
Casa Unifamiliare, Cadenazzo (1970-1971)
Middle School, Morbio Inferiore (1972-1977)

Piero Bottoni
Partisan Ossuary Memorial, Charterhouse of Bologna (1954-1959)
House on Via Mercadante, Milan (1934-1935)
One of the Two Ina-Casa Houses , Milan (1951-1953)

Gottfried Böhm
Pilgrimage Church, Nevigeser (1963-1972)

Bruther
Cultural and Sports Center, Paris (2011-2014)

Brucher Bründler
Hotel Nomad, Basel (2009-2015)
Lörrrach House, Lörrach (2012-2014)
Summer House in Mosogno, Mosogno di Sotto (2014-2018)

Erik Bryggman
Resurrection Chapel, Turku (1939-1941)

Gion A. Caminada
School, Duvin (1994)
Walpen House, Blatten Bei Nates (2000-2002)

Guido Canella
New City Hall, Novara (unbuilt,1964)
Casa Presso Meina, Novara (1973-1976)
Scuola Elemenare con Scuola Materna e Campo Sportivo, Villaggio Mirasole (1974-1976)
Civic Center, Pioltello (1976-1980)
Centro parrocchiale "Paolo VI", Villaggio INCIS (1972-1981)

Peter Celsing
Härlanda Church, Göteborg (1952-1959)
Nacksta Church, Sundvall (1969)
Almtuna Church, Uppsala (1950-1959)

Manuel Cervantes
Equestrian Project, Valle de Bravo (2010-2012)
House in Valles Santana, Valle de Bravo (2014-2015)

David Chipperfield
Toyota Auto, Kyoto (1989-1990)
Ninetree Village, Hangzhou (2004-2008)

Jose Antonio Coderch
ISM Building, Barcelona (1951)
Ugalde House, Caldes d' Estrach (1951-1955)

Jürg Conzett
Ottoplatz Building, Chur (1995-1998) (with Jungling & Hagmann)
Punt da Suransus, Viamala (1997-1999)

Martín Correa
Gabriel Guarda
Benedictine Monastery Chapel, Las Condes (1963-1964)

Cruzy y Ortiz
Bus Station, Huelva (1990-1994)
"Santa Justa" Railway Station, Seville (1987-1991)

Alejandro De la Sota
Civil Government Building, Tarragona (1956-1961)
Maravillas Gymnasium, Madrid (1960-1962)

Eladio Dieste
Iglesia de Cristo Obrero, Atlántida (1958-1960)

Diner & Diner
Swiss Embassy, Berlin（1995-2000)
Administration Building Hochstrasse, Basel (1985-1988)

Luigi Caccia Dominioni
Caccia Dominioni House, Milan (1947-1949)
Convent of Sant' Antonio dei Frati Francescani, Milan (1959-1963)
Complex for Apartments, Offices and Shops, corso Italia22-24, Milan (1957-1961)
Residential Building, Piazza Carbonari 2, Milan (1960-1961)
Building for Apartments, Office and Shops, corso Monforte 9, Milan (1963-1966)

Balkrishna Doshi
Institute of Indology, Ahmedabad (1959)

Pezo von Ellrichshausen
Poli House, Coliumo (2002-2005)
Cien House, Concepción（2008-2011)
Cultural Centre, Yungay (2018-2021)

Inger and Johannes Exner
Præstebro Birke Church, Herlev (1966-1969)

Pascal Flammer
Architecture Office with Two Stairs, Zurich (2000)
Stockli Balsthal, Balsthal (2007-2014)
Funeral Chapel Friedhof Erli, Steinhausen (2012)
House with View on Isle of Skye 1, Harris (2013)

Sverre Fehn
Nordic Pavilion, Venice (1958-1962)
Villa Arne Bodtker, Oslo (1961-1965)
Hedmark County Museum, Hamar (1967-2005)

Luigi Figini & Gino Pollini
Villa-Studio for an artist, 5th Milan Triennale (1933)
Church of the Madonna dei Poveri, Milan (1952-1954)

Auelio Galfetti
Lido de Bellinzona, Bellinzona (1967-1970)
Castello Castelgrande, Bellinzona (1981-1991)
Municipal Tennis Courts, Bellinzona (1983-1986)

Manuel Gallego
Cultural Centre, Lugo (1987-1990)
Museum of Fine Arts, La Corunna (1988-1995)

Ignazio Gardella
Casa Tognella, Milan (1947-1953)
Department of Architecture, Genoa (1975-1989)

Gigon & Guyer
Archeological Museum and Park Kalkriese, Osnabrück (1998-2002)
Kirchner Museum, Davos (1989-1991)

Ernst Gisel
Reformierte Kirche Reinach (1958,1961-1963)
Haus Gisel, Zumikon (1965-1966)
Ökumenischer Kultraum Kinderdorf Pestalozzi, Trogen (1967-1968)
Kulturforum Westfalen, Münster (unbuilt, 2003)

GOMA Taller de Arquitectura
Casa San Simón (unbuilt)
Casa Tejocote, Santiago de Querétaro (2021)

Hans Christian Hansen
Nyborggade Transformerstation, Copenhagen (1966-1968)

H Arquitectes
Galenicum 1822, Barcelona (2018-2020)
Casa 1736, Barcelone (2020-2023)
Casa 905,Barcelona (2012-2017)

John Hejduk
Texas Series (1954-1963)
Dimond houses and Museum (1963-1967)
Wall House（1964-1970)
Berlin Masque (1981)
The Clock Structure (1986)

Herzog & de Meuron
Polywood House, Bottmingen, (1984-1985)
Ricola House, Laufen (1986-1987)
Stone House, Tavole (1982-1988)
Hebelstrasse Apartment Building, Basel (1984-1988)
Dominus Winery, Yountwille (1995-1997)

Steven Holl
Hybrid Building, Seaside (1988)
Chapel of St. Ignatius, Seattle (1995-1997)

Carl-Viggo Hølmebakk
Sohlbergplassen Viewpoint, Stor-Elvdal (2005)
Ferry Quay Area, Jektvik (2010)

Arne Emil Jacobsen
Nyager Elementary School, Rødovre (1959-1964)
Landskrona Sports Centre, Karlsundsvägen (1956-1964)
St. Catherine's College, Oxford (1959-1964)

Christian Kerez
School Building in Leutschenbach, Zurich (2002-2009)
House with One Wall, Zurich (2004-2007)

Frederick J Kiesler
Endless House (unbuilt, 1950)

Karamuk Kuo
Campus Ruetli Sports Hall, Berlin-NeüKolln (2009)
International Sports Science Institute, University of Lausana (2013-2018)

Juliaan Lampens
House Vandenhaute-Kiebooms, Zingem (1967)
House Van Wassenhove, Sint-Martens-Latency (1974)

Vito e Gustavo Latis
Building for apartments, Offices and Shops, Milan (1953-1955)

Le Corbusier
Villa a Carthage (unbuilt, 1928)
Curutchet House, La Plata (1949)
L' Unité d' habitation Marseille, Marseille (1947-1952)
The Chapel of Ronchamp, Ronchamp (1950-1954)
The Shodan House, Ahmedabad (1956)
The Convent of La Tourette, Eveux-sur-Arbresle (1957-1960)
Venice Hospital, Venice (unbuilt, 1964-1965)

Sigurd Lewerentz
St. Peter' s Church, Klippan (1962-1966)
Woodland Cemetery, Stockholm (begun in 1915, with Erick Gunnar Asplund)

Josep Llinás
Dwelling on Calle Carmen, Barcelona (1992-1995)
"Vila de Gràcia" Public Library, Barcelona (2000-2002)
Town Planning for Building around Plaza de Sant Agusti Vell, Barcelona (1998, 2002-2005)
Jaume Fuster Library, Barcelona (2001-2005)
Single- Family dwelling, Vila-Seca (2005)

Louis Kahn
Salk Institute for Biological Studies, La Jolla (1959-1965)
First Unitarian Church and School, New York (1959-1969)
Fisher House, Hatboro (1960-1967)
Dominican Motherhouse, Media (unbuilt, 1965-1969)
Kimbell Art Museum, Fort Worth (1966-1972)

Aris Konstantinidis
Summer House, Anavyssos (1961-1962)

Manthey Kula
Other House (unbuilt, 2016)
Hamburgö House, Bohuslän (2018-2021)

Maya Lin
Vietnam Veterans Memorial, Washington D.C. (1982)

Adolf Loos
House on Michaelerplatz, Vienna (1909-1911)
Haus Rufer, Vienna (1922)
Haus Moller, Vienna (1926-1927)
Villa Müller, Prague (1928-1930)

Angelo Mangiarotti
Bruno Morassutti
Alto Favini
Church Mater Misericordiae, Baranzate (1955-1958)

Mansilla + Tuñón
Museum in Zamora, Zamora (1992-1996)
Castellón Museum of Fine Arts, Castellón (1995-2000)
Museum in León, León (2001-2004)

Peter Märkli
Museum La Congiunta, Giornico (1989-1992)
School Complex Im Birch, Oerlikon (2004)
Garden House, Zurich-Fluntern (2014)

Aires Mateus
House in Alenquer (1999-2001)
House in Coruche (2007)
Furnas Monitoring and Research Center, Azores (2008-2010)
House in Leiria (2005-2010)
House on the Alentejo Coast, Grãndola (2008-2015)

Paulo Mendes de Rocha
Mendes da Rocha House, Sãn Paulo (1964-1967)
Brazilian Pavilion for Expo '70, Osaka (1969-1970)
MuBE (Museu Brasileiro da Escultura) , Sãn Paulo (1986-1995)
Chapel of Sao Pedro, Campo do Jordão (1987-1989)

MGM
Renovation of Five Dwellings, Cádiz (2004-2007)

Giovanni Michelucci
Lavori per I' Universita di Bologna, Bologna (1958-1961)
Chiesa dell' Immacolata Concezione della Vergine, Longarone (1966-1978)

Ludwig Mies van de Rohe
Tugendhat House, Brno (1928-1930)
German National Pavilion, Barcelona (1929)
Farnsworth House, Plano (1945-1951)

Rafael Moneo
Bankinter, Madrid (1972-1977)
Logroño City Hall, Logroño (1973-1981)
Murcia City Hall, Murcia (1991-1998)

Charles W. Moore
Moore House, Orida (1962)

Luigi Moretti
Casa Balilla Sperimentale, Foro Mussolini (1933-1936)
Casa detta "Il girasole" , Roma (1950)
Casa detta "La saracena" , Santa Marinella (1954)
The Church of the Concilio Sancta, Rome (unbuilt,1965-1970)

Gleen Murcutt
Riversdale Boyd Education Centre, West Cambewarra (1996-1999)

MVRDV
Sloterpark Swimming Pool, Amsterdam (unbuilt, 1994)
Villa VPRO, Hilversum (1993-1997)
Double House, Utrecht (1995-1997)

Carl Nyren
Västerort Church, Vällinby (1956)

Office KGDVS

Villa, Buggenhout (2007-2012)
Villa Der Bau, Linkebeek (2012-2015)
Christian Bourdais' Solo House, Matarrana (2012-2017)

Rudolf Olgiati

Las Caglias Apartment, Flims-Waldhaus (1959-1960)
Casa Radulff, Flims-Waldhaus (1971-1972)

Valerio Olgiati

Extension of School, Paspels (1996-1998)
Office of Valerion Olgiati, Flims (2003-2007)
Plantahof Auditorium, Landquart (2008-2010)
Villa Além, Alentejo (2014)
Office Tower of Baloise Insurance Company, Basel (2014-2021)

OMA

Parc de la Villette, Paris (1982)
Villa dall Ava, Paria (1985-1991)
Kunsthal, Rotterdam (1987-1992)
Jussieu-two Libraries, Paris (unbuilt, 1992)
Bordeaux House and Pool, Bordeaux (1994-1998)

Reima and Raili Pietilä

Dipoli, Espoo (1961-1966)

Dimitri Pikionis

Acropolis Paths, Athens (1957)
Forest Village, Pertouli (1953-1956)

Paolo Portoghesi

Casa Andreis, Scandriglia (1964-1969)
Torre per Appartamenti, Roma (unbuilt, 1966)
Casa Bevilacqua, Fontania (1966-1973)
Casa Corrías, Campagnano (1972-1979)

Smiljan Radic

House for the Poem of the Right Angle, Vilches (2010-2012)
Zwin Bus Stop, Krumbach (2013)
Folly Serpentine Gallery Pavilion, London (2014)
Crucifixion Chapel, Venice (2018)
Prism House + Terrace Room, Coinguillio (2017-2019)

RCR

Pavilions in Les Cols Restaurant, Olot (2004-2005)
Bell-Lloc Cellars, Palamós (2005-2007)

Aldo Rossi

San Cataldo Cemetery, Modena (1971-1978)
Gallaratese House, Milano (1967-1974)

Francisco Javier Sáenz de Oiza

Casa Durana, Vitoria (1959)
Banco de Bbilbao, Madrid (1972)

Carlo Scarpa

Venice Biennale Ticket Office, Venice (1951-1952)
Castelvecchio Museum Renovation, Verona (1957-1975)
Entry for IUAV, Venice (1972)
Brion Cemetery, San Vito d 'Altivole (1969-1977)
Fondazione Querini Stampaila Renovations, Venice (1961-1963)

Rudolf Schwarz

St. Anna, Duren (1951-1956)

Kaija and Heikki Siren

Otaniemi Chapel, Otaniemi (1957)

Alvaro Siza

Boa Nova Restaurant, Leça Da Palmeica (1958-1991)
Swimming Pool, Leça Da Palmeica (1961-1966)
Pinto & Sotto Maior Bank, Oliveria de Azemeis (1971-1974)
Antonio Carlos Siza House, Santo Tirso (1976-1978)
School of Architecture, Oporto (1987-1994)
Galician Centre of Contemporary Art, Santiago de Compostela (1988-1993)
Vieira de Castro House, Vila Nova de Famalição (1984-1994)

Luigi Snozzi

Case Kalmaan, Brione (1974-1976)
Elementary School, Monte Carasso (1987-1993)

Eduardo Souto de Moura

Braga Market and the Market Café (1980-1984, 1997-2001)
Paula Rego Museum, Cascais (2005-2009)

Caruso St. John

New Art Gallery, Walsall (1995-2000)
Contemporary, Nottingham (2004-2009)

Emil Steffann

St. Lauremtius, Köln (1962)

James Stirling

Bookshop, Venice (1989-1991)
The Leicester Engineering Building, Leicester (1959-1963)

Studio Mumbai

Tara House, Maharashtra (2005)
Copper House II , Chondi (2011-2012)
Carrimjee House, Satirje (2011-2014)
Ahmedabad Residence, Gujarat (2011-2014)

Studioser

Monte Project, Monte (2020-2022)
Revealing Encounters (research project, 2022)

Fernando Távora

Municipal Market, Vila da Feira (1953-1959)
Tennis Pavillion at Quinta da Conceição, Leça da Palmeira (1956-1960)

TEd' A Arquitectes

Jordi and Àfrica's House, Montuïri (2010-2015)
Jaime and Isabelle's Home, Palma (2011-2018)
School in Riaz, Riaz (unbuilt, 2013)
Road Centre, Genthod (2015)

Giuseppe Terragni

Casa del Frascio, Como (1932-1936)
"Danteum" , Roma (unbuilt, 1938)
Palazzo dei Ricevimenti e dei Congressi all' E.42, Roma (unbuilt, 1937-1938)

Tham & Videgård

Archipelago House, Husarö (2003-2006)
Karlmar Museum of Art, Kalmar (2004-2008)
Creek House, South Coast of Sweden (2008-2013)

Antonio Jiménez Torrecillas

Moorish Wall in Alto Albaicín, Granada (2006)
The Torre del Homenaje "Tribute Tower", Huéscar (2008)

Jørn Utzon

Bagsværd Church, Copenhagen (1968-1976)
Can Lis, Mallorca (1970-1973)

Livio Vacchini

Snider House, Verscio (1964-1965, with Luigi Snozzi)
Ai Saleggi Elementary School, Locarno (1972-1978)

Gino Valle

Quaglia House, Sutrio (1953)
Monument to the Resistance, Udine allowed Valle (1959-1967)
Palazzo dell Associazioni Culturali on via Manin, Udine (unbuilt, 1971-1974)

Dom Hans Van der Laan

Extension, The St. Benedictusberg Abbey, Valls (1957-1986)
Jesu Moder Marias Convent, Tomelilla (1991)

Aldo Van Eyck

Roman Catholic Church, The Hague (1963-1969)
Municipal Orphanage, "the Children' Home", Amsterdam (1955-1960)
Schmela Gallery and House, Düsseldorf (1967-1971)
Sculpture Pavillion, Sonsbeek Exhibition, Arnhem (1965-1966)

Barozzi Veiga

Fine Arts Museum, Chur (2012-2016)
Philharmonic Hall, Szczecin (2007-2014)

Robert Venturi

Vanna Venturi House, Pennsylvania (1962-1964)

Adrien Verschuere
Benoit Delpierre
Fabian Maricq

Baukunst, Brussels (2009-2014)

Rachel Whiteread

House (1991)

WOJR

Tower of Winds: An Installation, Venice (2021)

Peter Zumthor

Shelter for Roman Excavations, Chur (1985-1986)
Saint Benedict Chapel, Sumvitag (1987-1989)
Thermal Bath Vals, Vals (1990-1996)
Art Museum, Bregenz (1990-1997)
Bruder-Klaus Field Chapel, Mechernich-Wachendorf (2001-2007)
Allmannajuvet Zinc Mine Museum, Sauda (2001-2016)

长谷川豪 (Go Hasegawa)

House in a Forest, Nagano (2005-2006)
House in Sakuradai, Mie (2005-2006)
House in Gotanda, Tokyo (2005-2006)
House in Yokohama, Yokohama (2014-2015)
Villa besides a Lake, Shizuoka (2017-2020)

坂本一成 (Kazunari Sakamoto)

Machiya in Minsa and Machiya Annex, Tokyo (1969-1970, 2006-2008)
Mchiya in Dauta, Tokyo (1974-1976)
House in Nago, Nago (1976-1978)
Egota House A, Tokyo (2002-2004)
Common City, Hoshida (1987-1992)
Quico Jingumae, Tokyo (2003-2005)
Saga Prefecture Dental Association Hall, Saga (2014-2017)

岛田阳 (Yo Shimada) Tato Architect

六甲的住居, House in Rokko (2012)
川西的住居, House in Kawanishi (2013)
House in Hamilton, Brisbane (2016)

吉村顺三 (Yoshimura Junzo)

轻井泽山居 Mountain Lodge at Karuizawa (1962)

犬吠工作室 (Atelier Bow-Wow)

House Asama, Karuizawa (2000)
Gae House, Tokyo (2003)
House and Atelier Bow-Wow, Tokyo (2005)
Nora House, Sendi (2006)

石上纯也 (Junya Ishigami)

KAIT Workshop, KAIT (2004-2008)

藤本壮介 (Sou Fujimoto)

House O, Chiba (2007)
House N, Oita (2008)

筱原一男 (Kazuo Shinohara)

Umbrella House, Tokyo (1959-1961)
House with a Big Roof, Tokyo (1960-1961)
House in White, Tokyo (1964-1966)
Tanikawa House, Nagano Prefecture (1972-1974)
House in Yokohama, Yokohama (1982-1984)
Tenmei House, Yokohama (1986-1988)

伊东丰雄 (Toyo Ito)

White U House, Tokyo (1976)
Sendi Mediatheque, Miyagi (2000)

SANNA (Kazuyo Sejima + Ryue Nishizawa)

Villa in the Forest, Chino (1992-1994) (Kazuyo Sejima & Associates)
Tomihiro Museum, Gunma (unbuilt, 2002) (Ryue Nishizawa)
Moriyama House, Tokyo (2002-2005) (Ryue Nishizawa)
Teshima Art Museum, Kagawa (2004-2010) (Ryue Nishizawa)
Contemporary Art Museum, Kanazawa (1999-2004)
Nishinoyama House, Kyoto (2010-2013)
J Terrace Café, Okayama (2010-2014)
Morimoto House, Archi (2014-2019) (Ryue Nishizawa)

刘家琨

鹿野苑石刻艺术博物馆, 成都 (2002)
胡慧姗纪念馆, 成都 (2009)
西村大院, 成都 (2015)
文里·松阳三庙文化中心, 松阳 (2020)

参考文献
Bibliography

以议题开启的设计教学方法研究

[1] 丁沃沃 . 重新思考中国的建筑教育 [J]. 建筑学报 ,2004(2): 14-16.
[2] 丁沃沃 . 回归建筑本源 : 反思中国的建筑教育 [J]. 建筑师 , 2009(4): 85-92.
[3] 丁沃沃 . 过渡与转换——对转型期建筑教育知识体系的思考 [J]. 建筑学报 , 2015(5): 1-4.
[4] 赵辰 . 新体系的必要——南京大学建筑研究所教学、研究的构想 [J]. 建筑学报 , 2002(4): 38- 39.
[5] 常青 . 建筑学教育体系改革的尝试——以同济建筑系教改为例 [J]. 建筑学报 , 2010(10): 4-9.
[6] 韩冬青，单踊 . 融合批判开拓——东南大学建筑学专业教学发展历程思考 [J]. 建筑学报 , 2015(10): 1-5.
[7] 顾大庆 . 空间、建构和设计——建构作为一种设计的工作方法 [J]. 建筑师 , 2006(1): 13-21.
[8] 顾大庆 . 中国的"鲍扎"建筑教育之历史沿革——移植、本土化和抵抗 [J]. 建筑师 , 2007(2): 97-107.
[9] 吴佳维，顾大庆 . 结构化设计教学之路 : 赫伯特·克莱默的"基础设计"教学——一个教学 模型的诞生 [J]. 建筑师 , 2018(3): 33-40.
[10] 吴佳维，顾大庆 . 结构化设计教学之路 : 赫伯特·克莱默的"基础设计"教学——教案的沿革与操作 [J]. 建筑师 , 2018 (6): 26-33.
[11] 张轶伟，顾大庆 . 溯源与流变——"包豪斯初步课程"在中国建筑教育的两次引进 [J]. 建 筑师 , 2019(2): 55-63.
[12] 龚恺 . 东南大学建筑系四年级建筑设计教学研究 [J]. 建筑学报 , 2005(12): 24-26.
[13] 赵辰，韩冬青，吉国华，等 . 以建构启动的设计教学 [J]. 建筑学报 , 2001(5): 33-36+66.
[14] 石永良，龚华 . 数字建筑设计教学实践析 [J]. 建筑学报 , 2007(1): 21-25.
[15] 李飚，李荣 . 建筑生成设计方法教学实践 [J]. 建筑学报 , 2009 (3): 96-99.
[16] 李飚，华好 . 建筑数控生成技术"ANGLEX"教学研究 [J]. 建筑学报 , 2010(10): 24-28.
[17] 郭屹民 . 合理性创造的途径——结构设计课程教学的内容与方法 [J]. 建筑学报 , 2014(12): 1-6.
[18] 王方戟，肖潇，王宇 . 本科三年级建筑设计教学中的课堂记录及思考 [J]. 建筑学报 , 2013(9): 65-72.
[19] 鲁安东 . 作为空间教学的《电影建筑学》课程 [J]. 建筑学报 , 2015(5): 5-11.
[20] 顾大庆 . 空间、建构和设计——建构作为一种设计的工作方法 [J]. 建筑师 , 2006(1): 13- 21.
[21] 朱雷 . "院宅"设计——基于现实感知的建筑空间入门教案研究 [J]. 建筑学报 , 2019(4): 106-109.
[22] 王凯 . 关于教学设计的若干思考有关实验班二年级设计课题以及其他 [J]. 建筑创作 , 2017(3): 27-32.
[23] 胡滨 . 从大地开始，到天空之下 [M]. 北京 : 知识产权出版社 , 2014.
[24] 胡滨，金燕琳 . 从大地开始——建筑学本科二年级教案设计 [J]. 建筑学报 , 2008 (7): 81- 84.
[25] 胡滨 . "天空之下"——空间叙事模型表述空间 [J]. 建筑学报 , 2012 (3): 84-88.
[26] 胡滨 . 空间与身体 [M]. 上海 : 同济大学出版社 , 2018.
[27] 胡滨 . 面向身体的教案设计——本科一年级上学期建筑设计基础课研究 [J]. 建筑学报 , 2013 (9): 80-85.
[28] 朱雷 . 空间操作 : 现代建筑空间设计及教学研究的基础与反思 [M]. 南京 : 东南大学出版社 , 2010.
[29] 胡滨 . 纪念性空间——消失与再现、纪念与记忆 [J]. 建筑师 , 2013(10): 15-18.
[30] 胡滨，杜平，葛正东 . 藏式住屋的变迁 [M]. 北京 : 中国建筑工业出版社 , 2019.
[31] 巴什拉 . 空间的诗学 [M]. 张逸婧，译 . 上海 : 上海译文出版社 , 2018.

议题一 边·界

[1] 文丘里 . 建筑的复杂性与矛盾性 [M]. 周卜颐，译 . 北京 : 知识产权出版社 , 2013: 70-87, 34-40.
[2] 埃文斯 . 从绘图到建筑物的翻译及其他文章 [M]. 刘东洋，译 . 北京 : 中国建筑工业出版社 , 2018: 38-65.
[3] CARUSO A, THOMAS H. Asnago Vender and the Construction of Modern Milan[M]. Zurich: gta Verlag, 2017.
[4] 科洛米纳 . 私密性与公共性 [M]. 李真，张扬帆，译 . 北京 : 中国建筑工业出版社 , 2023.

身体与纪念性：消失与再现、纪念与记忆

[1] HARRISON R P. The Dominion of the Dead[M]. Chicago: The University of Chicago Press, 2003.
[2] 王其亨 . 风水理论研究 [M]. 天津 : 天津大学出版社 ,1998.
[3] 希思科特 . 纪念性建筑 [M]. 朱劲松，林莹，译 . 大连 : 大连理工大学出版社 , 2003.
[4] 巫鸿，郑岩，王睿 . 礼仪中的美术 [M]. 郑岩，等译 . 北京 : 生活·读书·新知 三联书店 , 2005.
[5] 巫鸿 . 美术史十议 [M]. 北京 : 生活·读书·新知 三联书店 , 2008.
[6] 巫鸿 . 黄泉下的美术 [M]. 施杰，译 . 北京 : 生活·读书·新知 三联书店 , 2010.
[7] NORA P . Between Memory and History: Les Lieux de Memoire [J]. ROUDEBUS M, trans. Representations, 1989(26): 7-24.
[8] YANG J E. The Counter-Monument: Memory Against Itself in Germany Today [J]. Critical Inquiry, 1992, 18(2): 267-296.
[9] ZHU Y. Remembering Through the Corpus: The Interaction of (Moving) Bodies with Architecture at the Vietnam Veterans Memorial[D]. California: University of California, 2010.
[10] LIN M. Boundaries[M]. New York: Simon & Schuster, 2002.

议题二 "屋"中屋

[1] 巴拉什 . 空间的诗学 [M]. 张逸婧 , 译 . 上海：上海译文出版社 , 2009.
[2] FJELD P O . Sverre Fehn: The Pattern of Thoughts[M]. New York: The Monacelli Press, 2009.

框架中的关系｜关系中的框架

[1] COHEN J L . Le Corbusier: An Atlas of Modern Landscape[M]. China: Thames & Hudson, 2013.
[2] 科恩 . 勒·柯布西耶：景观与建筑设计图集 [M]. 张芮琪 , 王乐 , 许晔丹 , 译 . 北京：北京出版集团 , 北京美术摄影出版集团 , 2020.
[3] 胡滨 . 地形的意义 [J]. 建筑师 , 2011(5): 23-26.
[4] 皮特 . 现代地理学思想 [M]. 周尚意 , 等译 . 北京：商务印书馆 , 2007.
[5] 克朗 . 文化地理学 [M]. 杨淑华 , 宋慧敏 , 译 . 南京：南京大学出版社 , 2005.
[6] 谢祺铮 , 诸葛净 , 任思捷 . 从神圣景观到众像之圣域——尼泊尔昌古纳拉扬神庙建筑群的历史研究 [J]. 建筑遗产 ,2021(4): 78-89.
[7] 汤诗旷 . 苗族传统民居中的火塘文化研究 [J]. 建筑学报 , 2016(2): 89-94.
[8] FLAM J. Robert Smithson: The Collected Writings[M]. Berkeley: University of California Press, 1996.
[9] 胡滨 . 空间与身体：建筑设计基础教程 [M]. 上海：同济大学出版社 , 2018.
[10] 段义孚 . 恋地情结 [M]. 志丞 , 刘苏 , 译 . 北京：商务印书馆 , 2018.
[11] 胡滨 , 葛子彦 . 智利圣三一本笃会修道院教堂及其瓦尔帕莱索学派——观察、行动与形式的"注脚"[J]. 建筑学报 , 2021(6): 75-81.
[12] FJELD P O. Sverre Fehn: The Pattern of Thoughts[M]. New York: The Monacelli Press, 2009.
[13] CANALES F G , RAY N. Rafael Moneo: Building Teaching Writing[M]. New Haven: Yale University Press, 2015.

议题三 日常中的仪式性

[1] 中国建筑技术发展中心建筑历史研究所 . 浙江民居 [M]. 北京：中国建筑工业出版社 ,1984.
[2] 闫云翔 . 中国社会的个体化 [M]. 陆阳 , 译 . 上海：上海译文出版社 , 2012.
[3] 王骏阳 . 日常：建筑学的一个"零度"议题 上、下 [J]. 建筑学报 , 2016(10):22-29, 2016(11):16-21.
[4] LEFEBVRE H. Critique of Everyday Life, Vol.1[M]. J. MOORE J, trans. London: Verso Press, 2008.

日常

[1] LEFEBVRE H. Critique of Everyday Life, Vol.1[M]. MOORE J, trans. London: Verso Press, 2008.
[2] RUDOFSKY B. Architecture without Architect[M]. New York: The Museum of Modern Art, 1964.
[3] 朱剑飞 . 什么是"日常生活" [J]. 时代建筑 , 2021(5): 14-17.
[4] 克劳福特 . 日常都市主义——在哲学和常识之间 [J]. 城市建筑 , 2018(10): 15-18.
[5] 犬吠工作室 . 空间的回响 回响的空间——日常生活中的建筑思考 [M]. 胡滨 , 金燕琳 , 吕瑞杰 , 译 . 北京：中国建筑工业出版社 , 2015.
[6] 贝岛桃代 , 黑田润三 , 冢本由晴 . 东京制造 [M]. 林煌 , 译 . 北京：北京联合出版公司 , 2023.
[7] 李翔宁 , 李丹峰 , 江嘉玮 . 上海制造 [M]. 上海：同济大学出版社 , 2019.

黑盒子、白盒子、声场

[1] 谷崎润一郎 . 阴翳礼赞 [M]. 陈德文 , 译 . 上海：上海译文出版社 , 2011.
[2] 罗伯森 , 丹尼尔 . 当代艺术的主题：1980 年以后的视觉艺术 [M]. 匡骁 , 译 . 南京：凤凰出版传媒股份有限公司 , 2013.
[3] 夏皮罗 . 现代艺术：19 与 20 世纪 [M]. 沈语冰 , 何海 , 译 . 南京：凤凰出版传媒股份有限公司 , 2015.
[4] 纳尔逊 , 希夫 . 艺术史批判术语 [M]. 郑从容 , 译 . 南京：南京大学出版社 , 2022.

议题四 原型与家

[1] CORNELISSEN H. Dwelling as a Figure of Thought[M]. Amsterdam: SUN Publishers, 2005.
[2] RISSELADA M. Raumplan versus Plan Libre[M]. Rotterdam: 010 Publishers, 2008.
[3] HEJDUK J. The Lancaster / Hanover Masque[M]. New York: Princeton Architectural Press, 1992.
[4] HEJDUK J. Mask of Medusa[M]. New York: Rizzoli International Publications, Inc., 1985.
[5] COLOMINA B. Privacy and Publicity: Modern Architecture as Mass Media[M]. Cambridge: the MIT Press, 1994.

当下家的边界机制及其空间特征研究

[1] 弗兰德斯 . 家的起源——西方居所五百年 [M]. 珍栎 , 译 . 北京 : 生活·读书·新知 三联书店， 2020.
[2] 芒福德 . 城市发展史 [M]. 宋俊岭 , 倪文彦 , 译 . 北京 : 中国建筑工业出版社 , 2005.
[3] 埃文斯 . 从绘图到建筑物的翻译及其他文章 [M]. 刘东洋 , 译 . 北京 : 中国建筑工业出版社 , 2018: 38-65.
[4] COLOMINA B. Privacy and Publicity: Modern Architecture as Mass Media[M]. Cambridge: the MIT Press, 1994.
[5] CROMLEY E. Domestic Space Transformed, 1850–2000 [M]//BALLANTYNE A. Architectures Modernism and After. Oxford: Blackwell Publishing Ltd, 2004: 163-201.
[6] 王为 . 塑造现代美国住宅——南部加利福尼亚 1920—1970[M]. 北京 : 中国建筑工业出版社 , 2022.
[7] 诸葛净 . 作为观念的起居室——1910—1930 年代中国城市中等阶级的居住与家庭 [J]. 建筑学报 , 2022(9): 88-94.
[8] 斯塔尔德 . 数字状况 [M]. 张钟萄 , 译 . 杭州 : 中国美术学院出版社，2022: 229-278.
[9] 韩炳 . 透明社会 [M]. 吴琼 , 译 . 北京 : 中信出版集团 , 2019.
[10] 王晖 , 王璐 . 由《大唐开元礼》所见唐代品官住居的堂室格局 [J]. 建筑师 , 2020(5): 104-110.
[11] 刘敦桢 . 大壮室笔记 [J]. 中国营造学社汇刊 , 1932, 3(3): 129-172.
[12] 诸葛净 . 花园 : 暧昧之地——居住 : 从中国传统城市住宅到相关问题系列研究之五 [J]. 建筑师 , 2017(2): 94-99.
[13] 诸葛净 . 建筑类型问题 : 从厅、堂说起——居住 : 从传统住宅到相关问题系列研究之二 [J]. 建筑师 , 2016(8): 6-12.
[14] 诸葛净 . 厅 : 身份、空间、城市——居住 : 从中国传统住宅到相关问题系列研究之一 [J]. 建筑师 , 2016(6): 72-79.
[15] 韩炳哲 . 他者的消失 [M]. 吴琼 , 译 . 北京 : 中信出版集团 , 2019.
[16] 巴拉什 . 水与梦——论物质的想象 [M]. 顾嘉琛 , 译 . 郑州 : 河南大学出版社 , 2017.

图像（建筑图）作为再现的工具

[1] EVANS R. Translation from Drawings to Building and Other Essays[M].Cambridge: The MIT Press, 1997.
[2] 埃文斯 . 从绘图到建筑物的翻译及其他文章 [M]. 刘东洋 , 译 . 北京 : 中国建筑工业出版社 , 2018.
[3] 陈海涛 , 陈琦 . 图说敦煌二五四窟 [M]. 北京 : 生活·读书·新知 三联书店 , 2017.
[4] 张永和 . 图画本 [M]. 北京 : 生活·读书·新知 三联书店 , 2015.
[5] 张驭寰 . 中国城池史 [M]. 北京 : 中国友谊出版社 , 2015.
[6] KERSTEN M C C, DANIELLE H A C, et al. Delft Masters, Vermeer's Contemporaries[M]. Delft: Waanders Publishers, 1996.
[7] BIEVRE E . Dutch Art and Urban Cultures[M]. New Haven: Yale University Press, 2015.
[8] 胡恒 . 建筑文化研究第 10 辑 : 皮拉内西的世界 [M]. 上海 : 同济大学出版社 , 2022.
[9] FICACCAI L. Giovanni Battista Piranesi[M]. Köln: Taschen, 2016.
[10] 朱良志 . 别无归处是归处——吴镇的"渔夫话题" [M]. 杭州 : 浙江人民美术出版社 , 2020.
[11] MARIE R, HAGEN R. Bruegel: The Complete Paintings[M]. Köln: Taschen, 2007.
[12] 王贵祥 , 李菁 . 中国古代界画研究 [M]. 北京 : 中国城市出版社 , 中国建筑工业出版社 , 2021.

图片来源
List of Illustrations

以议题开启设计教学的方法研究

图 1 来自赫伯特·克莱默教授（Herbert Kramel）教学档案，重新编排

图 2 来自赫伯特·克莱默教授（Herbert Kramel）教学档案

图 3：上排从左往右：1）杜平绘制；2）李新，刘波. 弄堂里的老上海人 [M]. 上海：上海人民美术出版社, 2012: 17；3）FJELD P O. Sverre Fehn: The Pattern of Thoughts[M]. New York: The Monacelli Press, 2009: 135；4）自绘；5）Windows: Innovative Mediation. JA 74, Summer 2009: 100；6）龚恺，等. 渔梁 [M]. 南京：东南大学出版社, 1998: 4. 下排从左往右：1）www. Wikiwand.com/en/Pieter de Hooch；2）FJELD P O. Sverre Fehn: The Thought of Construction[M]. New York: Rizzoli, 1983: 17；3）www.madaboutthehouse.com/ the-househunter-the-house-of-my-dreamse；4）https://www.wikiart.org/edward-hopper

图 5 胡滨. 空间与身体 [M]. 上海：同济大学出版社, 2018: 78,79. 修改

图 7、8、10 学生图纸，重新编排

议题一　边·界

题图 1 https://www.medici.co.uk/p/23889/Boy-Bringing-Pomegranates

边界

题图 2 @Andy Goldsworthy.http://www.mogg.it/Prodotti/Storage/CORTECCIA/

图 1-1 https://www.medici.co.uk/p/23889/Boy-Bringing-Pomegranates

图 1-2 https://homeadore.com/2015/02/17/villa-alem- Valeri- Olgiati

图 1-3 川西の住居 | Tato Architects – タトアーキテクツ / 島田陽建築設計事務所 (tat-o.com)

身体与纪念性：消失与再现、纪念与记忆

图 1-7a 莫蒂. 罗马考古——永恒之城重视 [M]. 郑克鲁，译. 上海：上海世纪出版集团上海书店出版社, 1998: 111；1-7b 王方戟老师提供的现场照片

图 1-9 巫鸿. 黄泉下的美术 [M]. 施杰，译. 北京：生活·读书·新知 三联书店, 2010: 31.

图 1-10 http://www.schsa.org.hk:8080/gb/www.goldenage.hk/b5/ga/ga_article.php?article_id=239. 2012 年 6 月 13 日检索

图 1-11 http://storage.canalblog.com/11/35/93554/44839704.jpg. 2012 年 6 月 13 日检索

图 1-12a ZHU Y. Remembering Through the Corpus: The Interaction of (Moving) Bodies with Architecture at the Vietnam Veterans Memorial[D]. California: University of California, 2010:115; 1-12b 同上，171

图 1-13a http://realtimecities.wikispaces.com/file/view/Screen_shot_2011-11-16_at_9.19.13_PM.png/276402254/Screen_shot_2011-11-16_at_9.19.13_PM.png. 2012 年 6 月 13 日检索；1-13b http://www.artonfile.com/images/GPA-05-04-01.jpg. 2012 年 6 月 13 日检索；1-13c http://de.wikipedia.org/wiki/Jochen.Gerz. 2012 年 6 月 13 日检索

议题二　"屋"中屋

题图 4 FJELD P O. Sverre Fehn: The Pattern of Thoughts[M]. New York: The Monacelli Press, 2009: 135.

图 2-2 www.studioser.ch

领域

题图 5 https://dvnstkreis.tumblr.com/post/126739663187/cayetano-ferrandez-el-hombre-gris-2014-gif-series

图 2-3 @ 王雨林

图 2-4 https://rafaelmoneo.com/en/projects/logrono-city-hall/

图 2-5 BONELL i GIL ARQUITECTES. Bonell i Gil Arquitectes [M]. Barcelona:ACTAR, 2000: 81, 84-85.

图 2-6 Erik Bryggman's Resurrection Chapel is a gem of Finnish architecture | Design Stories (finnishdesignshop.com)

框架中的关系｜关系中的框架

题图 6 Heizerov Grad; The City - vizkultura.hr

图 2-8 谢祺铮，诸葛净，任思捷. 从神圣景观到众像之圣域——尼泊尔昌古纳拉扬神庙建筑群的历史研究 [J]. 建筑遗产，2021(4): 80.

图 2-10 http://www.sohu.com/a/482691193_121124709

图 2-11 Robert Smithson | Spiral Jetty (1970) | MutualArt

图 2-12 @ Justin Ankus

图 2-13a FLORA N，GIARDIELLO P, POSTIGLIONE G. Sigurd Lewerentz[M]. London: Phaidon Press Limited.2013: 133.

图 2-14 https://www.campobaeza.com/drawings/house-of-the-infinite/

图 2-15 古特. 重返风景：当代艺术的地景再现 [M]. 黄金菊，译. 上海：华东师范大学出版社，2012:92. @ Santu Mofokeng

图 2-16 柯南. 穿越岩石景观 [M]. 赵红梅，李悦盈，译. 长沙：湖南科学技术出版社，2006: 54.

图 2-17 古特. 重返风景：当代艺术的地景再现 [M]. 黄金菊，译. 上海：华东师范大学出版社，2012:99. @ Leo van der Kleij

图 2-18a 同图 2-13a；2-18b,c CALDENBY C, HULTIN O. Asplund[M]. New York: Rizzoli, 1985: 67,69.

图 2-19a GROSS P. A Conversation in Time at Distance. [J]. Revista AOA n° 25, 2014（25）: 37; 2-19b The Chapel of the Benedictine Monastery of Las Condes by Photographer Vicente Munoz — anniversary magazine (anniversary-magazine.com). Copyright: Vicente Muñoz

图 2-20 文献 [1]106

图 2-21 @ Fernando Guerra

图 2-22 archipicture.eu - Sverre Fehn - Hedmark Museum Hamar

图 2-23 文献 [1] 115

图 2-24a archipicture.eu – Le Corbusier; 2-24b 同上，201. @ Lucien Herve

图 2-25a 文献 [12] 282

图 2-26a 同上，283

图 2-27 文献 [13]152

图 2-28 刘敦桢. 苏州古典园林 [M]. 北京：中国建筑工业出版社，2005: 346.

图 2-29 文献 [1] 67, 117

议题三 日常中的仪式性

题图 7 Laurie Mallet House — SITE (sitenewyork.com)

日常

题图 8 HASKELL C. Rene Magritte: The Fifth Season[M]. New York: San Francisco Museum of Modern Art in association with D.A.P. / Distributed Art Publishers, Inc. , 2018:129.

图 3-4 @ 陈平楠

图 3-5 @ Henri Cartier-Bresson

图 3-7 RODEEIER M. Lavoirs-Washhouses of Rural France[M]. New York: Princeton Architectural Press, 2003:52,66-67.

图 3-9 @ 黄印武

图 3-10 www.studioser.ch

图 3-11 https://www.douban.com/note/203077076/?_i=1729926UEPpoK1. @ 王方戟

黑盒子、白盒子、声场

题图 9 http://www.simonadjiashvili.com/image?gallery=recent-painting&image=320

图 3-12 英国·伦敦皇家歌剧院 -Stanton Williams- 搜建筑网 (soujianzhu.cn)

图 3-14 微信公众号 ACG 建筑与空间：Prada X 库哈斯，玩转空间，打造沉浸式秀场. @ASRI

图 3-15 中国上海国际艺术节 (artsbird.com)

议题四 原型与家

题图 10 Edward Hoppe 绘 .https://www.wikiart.org/en/edward-hopper

当下家的边界机制及其空间特征研究

题图 11 @ Andrew Wyeth, Andrew Wyeth - 135 artworks - painting (wikiart.org)

图 4-1 王晖，王璐. 由《大唐开元礼》所见唐代品官住居的堂室格局 (J). 建筑师，2020(5): 108.

图 4-2 EVANS R. Translations from Drawing to Building and Other Essays[M]. London: Architectural Association Publications,1997: 62,73.

图 4-3a 苏州市房产管理局. 苏州古民居 [M]. 上海: 同济大学出版社，2004:50.

图 4-4 改自 HECKMANN O, SCHNEIDER F, ZAPEL E. Floor Plan Manual Housing[M]. Fifth edition. Frankfurt: the German National Library, 2018: 181.

图 4-5 冢本研究室. Graphic Anatomy Atelier Bow-Wow[M]. 东京: Toto 出版社，2007:82-83.

图 4-6 01_Exterior_1_master.jpg (768×768) (1stdibscdn.com)

图 4-7 @Koichi Torimora. Yokohama Apartment / ON design partners | ArchDaily

图 4-8 House in Komae | Go Hasegawa and Associates (ghaa.co.jp)

图 4-9 PLATT C. Architects on Dwelling[M]. Zurich: Park Books, 2022: 102,105.

图 4-10 ViA-11. INDIVIDUALIDAD/INDIVICUALITY (via-arquitectura.net)

图 4-11a 冢本研究室 :48; 4-11b https://www.edmundsumner.co.uk/imager/work/964/267_e602a48290b6f583abe6be2126312a94.jpg

图 4-12 cha-130726-ninetree_village-david_chipperfield_architects3.jpg (1754×1240) (wp.com)

图 4-13 HECKMANN O: 11

图 4-14 https://wojr.org

图 4-15 Town House in Asakusa | Go Hasegawa and Associates (ghaa.co.jp)

图 4-16a FLORA N, GIARDIELLO P, POSTIGLIONE G. Sigurd Lewerentz[M]. London: Phaidon Press, 2013: 166; 4-16b JOHNSON E J.Charles Moore:Buildings and Projects 1949—1986[M].New York:Rizzoli,1991:99-101; 4-16c 冢本研究室 :141

图 4-17 PLATT C: 60,61

图 4-18a El Croquis 214: Pezo-von-Ellrichshausen: 56-57; 4-18b Beatriz Colomina:243

图 4-19 Villa beside a Lake | 長谷川豪建築設計事務所 (ghaa.co.jp)

图像（建筑图）作为再现的工具

题图 12 景定建康志. 宋元方志丛刊第二册,1379

图 4-20a Suprematism, 1916 - Kazimir Malevich - WikiArt.org; 4-20b @zaha hadid architects. zaha hadid exhibition venice architecture biennale (designboom.com)

图 4-21 MARIE R, HAGEN R. Bruegel: The Complete Paintings[M]. Koln:Taschen, 2007:35.

图 4-22 陈海涛，陈琦. 图说敦煌二五四窟 [M]. 北京：生活·读书·新知 三联书店，2017: 48.

图 4-23a 张永和. 图画本 [M]. 北京：生活·读书·新知 三联书店，2015: 70-71; 4-23b Saint Jerome in His Study by Antonello da Messina (Illustration) - World History Encyclopedia

图 4-24 www.miesarch.com/work/1909

图 4-25 JA 74: Window-Innovative Mediation, Summer 2009:100.

图 4-29 清明上河图卷，世界艺术鉴赏库 (artlib.cn)

图 4-30a https://www.medici.co.uk/p/23889/Boy-Bringing-Pomegranate; 4-30b Pieter de Hooch - A Woman with a Child in a Pantry - (MeisterDrucke-605996).jpg (1103×1182)

图 4-31 文献 [6] 172

图 4-32 同上，188,189

图 4-33 https://www.wga.hu/art/m/maes/eavesdr.jpg

图 4-34 FICACCI L. Giovanni Battista Piranesi[M]. Köln: Taschen, 2016:435.

图 4-35 https://www.archined.nl/2015/11/aldo-rossis-kijk-op-de-wereld

图 4-36 OASE 105: Practices of Drawing[J]. 2020:6-7.

图 4-39 景定建康志. 宋元方志丛刊第二册,1379.

图 4-40 https://tanosii-kamakura.jp/pin/1405/eishouji.pdf

图 4-43 @ 故宫博物院. 静明园地盘画样全图 - 故宫博物院数字文物库 (dpm.org.cn)

图 4-44a Nolli-Map-Rome.jpg (984×584) (bloomingrock.com); 4-44b Giovanni Battista Piranesi (1720-1778) (christies.com.cn)

图 4-45 微信公众号：建筑工坊，程博"图像的设计生产力——瑞士类比建筑学派小史"

图 4-46a https://commons.wikimedia.org/wiki/File:Comlongon_Castle_plans_and_section.jpg; 4-46b https://archnet.org/sites/2219/publications/1323

图 4-47 Centro de Monitorização e Investigação das Furnas / Aires Mateus | ArchDaily Brasil

图 4-48 OASE 105: Practices of Drawing[J]. 2020:54.

图 4-49 DISCH P. Luigi Snozzi: The Complete Work II[M].Lugano: ADV Publishing House,2006:43.

图 4-50 上海西岸美术馆，2021

图 4-51 (元) 钱选 秋江待渡图卷，世界艺术鉴赏库 (artlib.cn) https://www.artlib.cn/zpController.do?detail&id=8b43efa035d7472c90c0356ba889ed38

图 4-52 渔父图卷，世界艺术鉴赏库 (artlib.cn)

（未注明图片，为作者自摄。学生作业均为学生个人作品和自绘图纸；未注明的网络检索时间均为 2023 年 10 月。）

学生名单
List of Students

议题一 三年级秋季 边·界 Threshold

2019 秋季
吴子豪 吴祺琳 赵娇 田粟 李俊良 刘亦为

2020 秋季
彭睿阳 熊若璟 吕嘉欣 张亚凡 林钰然 杨作勋

2021 秋季
韩滨竹 夏逢霖 邹雨恩 王钰露 周亦辰

2022 秋季
朱健威 梁学天 江垚 郑天午 吴韫玉 刘婷钰 张法卓

2023 秋季
井雨瑶 陈诺 龙旖旎 张元杰 冯钰研

议题二 三年级秋季 "屋"中屋 Room within "Room"

2019 秋季
田粟 赵娇 徐瑞彤 杜良伟 袁崧浩 杨远朋

2020 秋季
彭睿阳 钟雍之 丁相文 郭立伟 何怡迪 熊若璟

2021 秋季
韩滨竹 徐文睿 黄嘉仪 王钰露 彭海媛 丁梅莹 刘洋

2022 秋季
朱健威 梁学天 孙藤芯 萨日娜 李锦同 罗潇

议题三 四年级春季 日常中的仪式性 The Rituality within the Ordinary

2018 春季
杨天周 杨滨瑞 万逸群 黄怡群 李梦石

2019 春季
杨眉 柏樱 王楷文 吴子静 张萍萍 傅远哲 李琦芳

2020 春季
赵灏翔 靳阅川 郝雅莹 谢若曦 代岳

2021 春季
王皓宇 张翰学 姚子意 杨秋雨

2022 春季
张亚凡 陈明远 刘翔橤 包可欣 何怡迪 钟雍之 彭睿阳

2024 春季
孙藤芯 叶俊辰 罗潇 马荣钊 杨恩熙 周逸航

议题四 四年级春季 原型与家 Prototype｜Home

2021 春季
王皓宇 张翰学 姚子意 杨秋雨

2022 春季
张亚凡 陈明远 刘翔橤 包可欣 何怡迪 钟雍之 彭睿阳

2023 春季
黄思然 唐子涵 丁欣怡 夏逢霖 唐以水 张一涵

2024 春季
孙藤芯 叶俊辰 罗潇 马荣钊

图书在版编目（CIP）数据

建筑设计教学档案：以议题开启的设计教学实践 /
胡滨著 . -- 上海：同济大学出版社，2024. 10.
（建筑·城规设计教学前沿论丛）. -- ISBN 978-7-5765
-1346-2

Ⅰ . TU2

中国国家版本馆 CIP 数据核字第 2024AG9296 号

国家自然科学基金项目：52278035 资助

建筑设计教学档案：以议题开启的设计教学实践

胡 滨　著

策划编辑：孙彬
责任编辑：孙彬
责任校对：徐春莲
封面设计：胡滨 张微
版式设计：胡滨
出版发行：同济大学出版社
地　　址：上海市杨浦区四平路 1239 号
电　　话：021-65985622
邮政编码：200092
网　　址：www.tongjipress.com.cn
经　　销：全国各地新华书店
印　　刷：上海安枫印务有限公司
开　　本：787 mm×1092 mm　1/16
印　　张：21
字　　数：419 000
版　　次：2024 年 10 月第 1 版
印　　次：2024 年 10 月第 1 次印刷
书　　号：ISBN 978-7-5765-1346-2
定　　价：98.00 元